盆栽小菜园

常见蔬菜
水果盆栽
种植指南

［日］金田初代　著
［日］金田洋一郎　摄影
刘丹　译
蔓玫　审

U0258600

人民邮电出版社

北京

充满乐趣的盆栽菜园

在日照充足的露台、阳台、玄关或住宅周围有一个可以放置盆栽的小空间，我们就能体验种菜的乐趣了。

亲手种植蔬菜，就能近距离地观察叶子、花朵、果实的颜色和形状，十分有趣；此外，还能感受蔬果的生命力，在采收时满怀喜悦和感激之情，并为饭桌上的谈话增添话题。

△按照高低顺序排列单独种植的冬季蔬菜，看起来会显得种类繁多。即便是在秋冬季节，依然能体验到盆栽菜园的乐趣。

▽以醋栗树为中心，种植广东莴苣。一种蔬菜采收后就改种其他蔬菜，这样一来，一个盆器就实现了多用。

◁可在屋前摆放木盆或陶瓷盆，它们看起来比较高档。悬吊起来的盆器仿佛是飘浮在空中的菜园，看起来赏心悦目。

花草、小果树、蔬菜的混栽

狭小的空间虽然不能摆放很多大型的盆器，但只要在一个盆器里同时栽种不同的蔬菜，也可以获得一个迷你菜园。

混栽时，善于根据各种蔬菜的不同的叶子形状、颜色和高度进行搭配，就能创造出很多花样。

此外，把小果树或多年生的草本蔬菜和生长周期短的蔬菜或一年生的花草种在一起，就可以在蔬菜采收后或花开花后改种其他植物。这样一来，便可以长时间体会混栽的乐趣。

▲等卷心菜长大，底部出现空隙后，种一些不同颜色的叶用莴苣或三色堇，就可以获得一盆不仅外观美丽，而且味道可口的蔬菜盆栽。

▲后排是红色和黄色的小番茄，前排是彩叶草、金盏花、野生芝麻、意大利香芹，再配上莱姆绿的番薯藤。花草和蔬菜的颜色相得益彰。

◀以柑橘类的四季橘为主，横向栽培卷心菜，纵向栽培樱桃萝卜，再整齐地种上意大利香芹。叶子和果实的颜色十分艳丽。

▲小萝卜、青梗菜、意大利香芹、卷心菜混合栽种。从先成熟的蔬菜开始慢慢采收。

▲颜色和形状各不相同的叶用莴苣、仙客来和三色堇混栽。

◀种下小番茄、浅葱、紫苏、意大利香芹的幼苗后，在前面边缘处撒下小萝卜的种子进行混栽。

将蔬菜盆栽作为室内装饰品

日照充足的窗边是放置盆栽的绝佳位置。迷你蔬菜、小葱和食用嫩叶的蔬菜等，其生长周期比一般蔬菜短，放在厨房的窗边就能随意取用。

在窗边栽培虾夷葱、意大利香芹、芫荽等香草或用于制作沙拉的蔬菜，不仅可以随摘随用，还能为室内增添绿意。

△在厨房明亮的窗边种植芥菜和芽葱。芥菜叶脉明显，不论是单独栽种还是混合栽种，都很合适。

▶把平常使用的餐具作为器皿栽种蔬菜，看腻了的餐具也能摇身一变成为时髦的室内装饰品。

利用厨房原有的器皿栽种的菜苗或豆芽，很适合作为餐桌菜园的素材。

将它们栽培在厨房里几乎不占空间。它们营养丰富，既美味又好看，且一年四季都能栽种。无论是拌在沙拉里或夹在三明治中，还是撒一点在味噌汤里，都能丰富每天的菜肴，还能给室内增添清新感。

⬥在大小不同的器皿中栽种叶菜类蔬菜，就能利用器皿的不同大小和高度做出变化，营造出菜园的气氛。

⬥在不同的小器皿里种植可食用嫩叶的蔬菜，再装到大篮子里放到窗边，厨房菜园就大功告成了。

⬥可食用嫩叶的蔬菜就像是"菜叶宝宝"。只要放在日照充足的窗边，即使在冬天也能为室内增添绿意。

◀莴苣菜园。需要适度拔掉一些生长过密的叶子。为了避免徒长，偶尔要把它拿到室外晒晒太阳。

⬥由于菜苗或豆芽可以种在室内，因此，即使是在大多数植物无法生长的冬天，它们也能让你体会到种植蔬菜的乐趣。

▶菜苗或豆芽无须用土也能种植，因此，即使放在桌上也不会有违和感。你可以一边培育一边观赏，然后开心地品尝。

迷迭香
带把手的宽口圆盆
灯笼椒
盆底网
浇水壶
荷兰芹
黄色辣椒
挖土铲
三色番薯藤
栽培用土
莱姆绿番薯藤

准备用品

种得开心，吃得美味

简单的混栽法

茄子、小番茄和小果树等，作为整个盆栽的重心，在盆器中央或后方栽培。在周围栽种不会长得太高的蔬菜，在边缘再栽种一些会向下垂的蔬菜来保持整体的平衡感。

栽种向下垂的叶菜类蔬菜后，整个盆栽就会瞬间变得美观，达到栽种花草般的效果。此处栽种的是带有莱姆绿、紫色等各种颜色的莱姆绿番薯藤和三色番薯藤。番薯藤不仅叶子漂亮，而且会长出美味的番薯。

1 在宽口圆盆的底部铺上盆底网。

2 装入 1/3 的栽培用土，预留浇水空间和幼苗根团的生长空间。

3 在后排栽种迷迭香，慢慢添加土壤。

4

将灯笼椒从原来的器皿中轻轻取出，注意不要破坏根团。将灯笼椒种在迷迭香的前方，慢慢添加土壤。

5

在灯笼椒的对面栽种用于观赏的黄色辣椒。注意不要破坏根团。

6

在红色和黄色的辣椒之间栽种荷兰芹，同样注意不要破坏根团。

7

在灯笼椒的前方种莱姆绿番薯藤，在黄色辣椒的前方种三色番薯藤。

8

用一根木棍戳戳土壤，让土壤变扎实。

9

大量浇水。

完成！带把手的宽口圆盆较高，番薯藤向下垂坠，整个盆栽看起来格外美观。

第5章

蔬果盆栽之

香草类

第4章

蔬果盆栽之

根菜类

本书的使用方法

本书将可进行盆栽的蔬菜分为瓜果类、叶菜类、根菜类、香草类，以及冬季也能栽培的菜苗和豆芽。本书按栽种步骤逐一解说了从播种、移植幼苗到采收的全过程，每个步骤均有照片呈现。本书的前面部分还介绍了栽培用品和管理方法等。

虽然采收不多，但毕竟是由自己亲手栽培的，因此相对安全，自己还能品尝到时令美味。

那么，接下来就让我们一起开辟既有趣又经济实惠的盆栽菜园吧。

信息表示法

番茄

放置场所 日照充足处

盆器大小 长盆或圆盆

大型　大型深底

栽培用土 瓜果类蔬菜专用混合土

蛭石　　　　　赤玉土

腐叶土

石　灰：每 10L 用土约使用 10g 石灰
化成肥料：每 10L 用土使用 10~30g 化成肥料

栽培月历

1 2 3 4 5 6 7 8 9 10 11 12

移植幼苗　采收

栽培要点

● 务必让第一朵花结果，这样可预防藤蔓生长过密以致无法开花结果的问题。
● 番茄不喜雨水或潮湿的环境，在梅雨季节栽培时则需将盆栽移至不会淋到雨水的地方。
● 只保留一根主枝，所有侧芽需全部切除。
● 由于番茄偏好石灰，若土壤缺乏钙质，容易引发根腐病，需十分注意。

72

放置场所
根据蔬菜偏好的日照条件选择放置的场所。虽然大部分蔬菜都喜欢日照充足的地方，但有时还是要根据需要移至半日阴处。

盆器大小
盆器根据大小可分成小型、标准型、大型、大型深底 4 种。用插图的形式标示出每种蔬菜适合的盆器。若可以用袋子进行栽种，也会明确标示出来。

栽培用土
选择适合瓜果类、叶菜类、根菜类和香草类蔬菜的土壤，并用饼状图标示出调配土壤需遵循的比例，同时也用文字标示出石灰和基肥的用量。

栽培月历
标示播种、移植幼苗和采收的时间。本书以日本关东时间为基准，供其他地区参考。

栽培重点
记录盆栽的重点和蔬菜的特性，也会标示出放在阳台上栽种时的注意事项及适合盆栽的迷你品种等。

第 1 章

种植盆栽蔬果前的
栽培准备

种植盆栽蔬果前

此处选择的是原本就很适合放置盆栽的阳台。

只要日照充足，都能稍加改造成为适合放置盆栽的地方。

屋顶、阳台、平台、车库、玄关周围等地，

首先确定一下放置盆栽的地方。

确认阳台环境

除了确认阳台的朝向、宽敞度、所在楼层、日照、通风情况外，还要事先检查是否有水龙头或排水口、地板是否防水等。

此外，盆栽中的土壤容易变干，因此需要经常浇水。但在浇水时要注意不能让水或污泥漏到楼下。盆栽要挂在阳台的栏杆内侧，以免坠落。

光照是否充足

空调

是否有排水口

是否会妨碍其他设备

逃生梯

确认阳台的构造

根据种植的蔬果种类，有时候要用到大型盆器。若将许多盆器并排放置的话，那么整体的重量不容小觑，因此必须确认并严格遵守阳台的重量限制。

若是公寓，必须事先确认地面是否防水、有无排水口等，还要了解公寓的管理条约等。

打造阳台菜园的注意事项

若要放置大型盆栽，需事先确认阳台的构造。

是否通风

栏杆是否安全

确认环境时的
要点

日照和通风条件良好的阳台最适合进行盆栽种植。

立体排列可以有效活用空间，但要注意防止盆栽掉落。

避免使用会散发
臭味的有机肥料

尽量使用没有臭味
的有机肥料，追肥也应尽
量选择化成肥料或液体肥
料，以免散发出臭味，给
周围邻居造成困扰。

注意漏水问题

由于阳台比庭院干燥，而且盆栽蔬
果的土壤数量有限，因此必须时常浇水。
但同时也要注意漏水问题，不要给楼下
住户造成困扰。

13

让蔬果茁壮成长的盆栽放置处

种植前在日照方面下点儿功夫，再来享受种植蔬菜的乐趣吧。

但是，很多蔬菜都需要明亮的环境才能够生长。

而将栏杆改为水泥墙。

有时会设计得让盛夏烈日无法直射阳台，或是为了增加私密性，

最近日本建成的公寓为了节省能源，

日照和通风是关键

大多数蔬菜都喜阳。若日照不足，蔬菜就不能充分进行光合作用，就无法茁壮成长。根叶无法好好成长，植物就无法开花、结果。为了收获美味的蔬菜，必须选择比种植花草时能晒到更多阳光的地方。但有些蔬菜在半日阴（一天中只有一半左右的时间能晒到太阳）处或阴暗处也能成长。总而言之，首先必须了解栽培场所的日照时间，在日照时间合适的地方放置盆栽。

若不通风，环境就会很闷热，蔬菜可能会遭受病虫害，无法健康成长。通风情况根据阳台的朝向或栏杆的形状、附近的建筑物而有所不同，盆栽要放在阳台通风条件好的地方。

**选择日照
充足的地方**

阳台夏季的日照
虽然日照很强，但由于太阳的位置很高，照不到里面，因此必须将喜阳的蔬菜放在靠近栏杆的地方。

阳台春、冬季的日照
由于太阳的位置较低，可以照到里面，因此，阳台上到处都可以放置盆栽。

在通风条件好的地方放置盆栽。

**选择通风条件
好的地方**

水泥墙会挡住阳光，因此可以栽培在半日阴处也能生长的蔬菜，或用盆栽架垫高盆栽。

**若阳台是
水泥墙**

日照条件和适合栽种的蔬菜

蔬菜基本上都喜阳，但也有一些蔬菜即使日照不足也能生长。仔细观察一下自家阳台一天中能晒多长时间的太阳。不同季节的日照会有所不同，能够栽种的蔬菜也应该会有很多种。因此，要将盆栽放在阳台的通风处。

在阴暗处也能生长的蔬菜	在微弱的日照下也能生长的蔬菜	喜阳的蔬菜
鸭儿芹、西芹、姜等	青梗菜、小松菜、京菜、菠菜、莴苣、分葱、荷兰芹、韭菜、紫苏、茼蒿、芝麻菜、西芹、叶用甜菜、小芜菁、姜等	西瓜、哈密瓜、南瓜、番茄、茄子、青椒、小黄瓜、草莓、苦瓜、秋葵、洋葱、西蓝花、花椰菜、青花笋、卷心菜、豆荚、蚕豆、毛豆、玉米、胡萝卜、白菜、抱子甘蓝、马铃薯、番薯等

阳台上的防暑、防寒、防风对策

虽然楼层和阳台朝向不同会使阳台环境有所差异，但盆栽在水泥阳台上的栽培条件还是十分严苛的。需要下点儿功夫才能保证蔬菜在酷暑严苛、寒冬和强风下茁壮生长。

无纺布

冬天盖上有孔的塑胶片或无纺布保温。

竹帘

强烈的日晒会妨碍蔬菜的生长，夏天可以用竹帘或挂帘来遮阳。

耐寒蔬菜

草莓、豌豆、蚕豆、白萝卜、芜菁、芦蒿、菠菜、白菜、京菜、卷心菜、小松菜、芥菜、洋葱等。

耐热蔬菜

茄子、青椒、狮子唐辛子、苦瓜、秋葵、姜、番薯、芋头、紫苏、叶用甜菜、韭菜等。

防风网

低楼层受风的影响较小，高楼层必须架设防风网预防强风。

让蔬菜菜苗壮成长的布局重点

水泥阳台一受到太阳的直射就容易发热，因此对植物来说是一个不适宜生长的环境。为此，要设法不让盆栽直接触地面。例如，可以在地上铺木板，或利用盆栽架来垫高盆栽。这样一来，不仅可以改善日照和通风条件，还可以帮助蔬菜菜苗壮成长，同时，阳台看起来也会变得比较宽敞舒服。

将较高的蔬菜盆栽放在后排，较低的蔬菜盆栽放在前排；或者将不怎么需要打理的蔬菜盆栽放在后排，将需要时常打理或生长较快的蔬菜盆栽放在前排。像这样根据需要打理的频率来摆放盆栽也不失为一个好方法。

在栏杆上挂盆栽时，为了避免盆栽掉落，一定要挂在栏杆的内侧（阳台内侧），并用专门的支架或钩子牢牢地进行固定。盆栽最大的优点就是方便移动，因此，多下点儿功夫来打造属于你的开心菜园吧。

在阳台布局上稍下功夫

即使阳台空间有限，但只要稍下功夫，还是可以将其变成开心菜园的。

但是，若住在公寓里，就必须十分注意盆栽的摆放，切勿将盆栽放在紧急逃生梯的隔板旁。

支架

钩子

可根据日照强弱和需要打理的频率来摆放盆栽。此外，为了防止盆栽掉落，切勿忘记将其固定牢哦！

棚架

将棚架立在墙面或栏杆旁，可以增加阳台的立体感。有些棚架可以折叠，方便收纳。

盆栽架

可调节高度，使盆栽处于日照条件好的位置。

盆栽移动架

便于在使用大型盆器或袋子栽培时移动盆栽。

空调外机保护罩

逃生梯

盆栽架

木板

木板

木板可以阻挡阳光直射水泥地，还能让单调的地面顿时变得温馨，有正方形或长方形等各种款式可选择。

空调外机保护罩

给空调外机加装保护罩，不但可以起到遮蔽的效果，让环境更美观，还能减少蔬菜吹到空调排出的热风。

17

适合种植蔬果的盆器

根据蔬菜的特性选择盆器

盆器包括长方形的盆器、圆盆、角盆和各种吊盆等，其大小和材质都各不相同。请根据放置的地点和蔬菜的种类来选择盆器吧。

大型蔬菜的根会长得越来越长，用可以装很多土的大型深底盆器栽种，蔬菜会长得又大又好，采收也会变多。但其缺点是体积大，不便移动。

请根据你要种的蔬菜选择合适的盆器吧。

盆栽是阳台菜园中不可或缺的主角，十分方便。

盆栽菜园的魅力在于，在做饭过程中可以随摘随用，并且在身边的阳台或露台就能放置盆栽。

▶大型叶菜类或瓜果类蔬菜也能在其中顺利生长的塑料圆形盆器。

△具有一定深度的塑料长方形盆器。

△好看的陶制盆器，很适合用来种香草或长有漂亮叶子的蔬菜。

▶用吊盆将喜阳的小型叶菜类蔬菜和香草类蔬菜混栽，会具有很强的立体感。

▶适合放在窗边，常用于种植嫩叶蔬菜或香草的盆器。

◀挂在墙上的盆器，适合种植香草或向下垂坠的草莓。

△拥有网状底部的盆器能更好地排水，让蔬菜苗壮成长。

▶附支架的塑料盆，适合种植需要用支架固定的植物。

▶能营造出田园风的椭圆木制盆器。

△可以一次性栽培多种蔬菜的盆器。

根据盆栽摆放的位置和蔬菜的特性来选择合适的盆器。

圆盆的构造

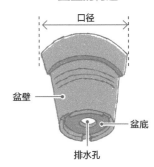

口径
盆壁
盆底
排水孔

小型盆器
容量：6 10L

适合栽培高度较低、数量较少的叶菜类蔬菜。

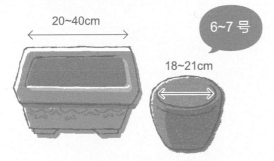

20~40cm

6~7 号

18~21cm

适合小型盆器的蔬菜

荷兰芹、芝麻菜、茼蒿、虾夷葱、罗勒、意大利香芹、芽葱、沙拉芥菜等。

大型盆器

适合栽培生长时间较长的大型瓜果类或叶菜类蔬菜。

85cm

11~12号

33cm 以上

适合大型盆器的蔬菜

卷心菜、白菜、西蓝花、洋葱、番茄、小黄瓜、茄子、青椒、豌豆、西瓜、哈密瓜、苦瓜、白萝卜等。

标准盆器
容量：12~20L

适合栽培生长较快、高度较低的蔬菜。

60~65cm

8~9 号

24~27cm

适合标准盆器的蔬菜

菠菜、小松菜、茼蒿、京菜、叶用莴苣、无藤蔓四季豆、青梗菜、甜菜根、芜菁等。

深底盆器
20~30

适合单独栽培根菜类或大型蔬菜。

35cm 以上

35cm 以上

10 号以上

30cm 以上

30cm 以上

适合深底盆器的蔬菜

番茄、节瓜、茄子、小黄瓜、白萝卜、番薯、马铃薯、芋头、牛蒡等。

19

根据材质选择盆器

如果只是想要单纯地栽培蔬菜，则只需在泡沫箱或不要的塑料篮、肥料袋上挖个排水孔来种植。但如果想要在采收之余体验观赏乐趣，则可以购买市面上销售的种植蔬菜用的盆器，或者自己动手用木头制作喜欢的大型盆器。

盆器根据材质的不同，大致可分为塑料盆、陶瓷盆、木盆等。各种材质的盆器各有优缺点，按照自己的喜好进行选择吧。

根据蔬菜的特性寻找适合装饰在户外或室内的盆器也是一件乐事。

塑料盆

塑料盆轻巧易搬运，非常实用。塑料盆虽然保水性好，但通风性较差。因此，必须避免环境过于潮湿。

夏季阳光直射，塑料盆盆壁内部温度升高，容易导致蔬菜根部受损，因此，可在塑料盆下方垫瓦片或木板来增强通风性。

以前的塑料盆以白色为主，但现在其颜色和形状都越来越多样。市面上还出现了仿陶瓷质感的塑料盆，设计感变强了。

购买塑料盆时，要确认底部是否附网。若没有，就要在其中放些盆底石等。

◐坚固、易搬运的实用性盆器。

▷深底圆盆，适合栽培白萝卜等根菜类蔬菜。

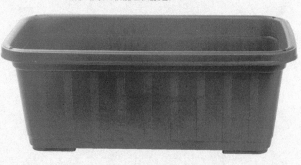

◡可容纳 45L 以上土壤的巨大盆器，放在盆栽移动架上就能轻松搬运。

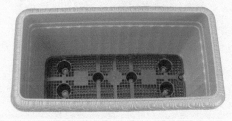

◡确认底部是否附网。

陶瓷盆

陶瓷在意大利语里是『素烧盆』之意，也是西方对素烧盆的统称。

由于大多数陶瓷盆的底部很平，因此需要用足台等将其垫高，增加盆底的通风性和排水性。

陶瓷盆时尚好看，栽培蔬菜则需要深一点儿的盆器。但这样一来，倒入土壤后整个陶瓷盆会变得很重，不易搬运。因为陶瓷盆没有上釉，通风性较强，所以很适合栽培蔬菜。

▶意大利产的素烧陶瓷盆。基本上为红褐色，简单利落，很受欢迎。

◀盆壁上有图案、重量感十足的盆器。适合栽种大型蔬菜。

▶陶瓷盆形状和大小各不相同，看起来很温馨，可种多种蔬菜。

木盆

木盆的魅力在于其天然的质感。若想让阳台菜园变得温馨，推荐使用木盆。

除了使用常见的桶状或椭圆形木盆外，还可以搭配藤编篮子。

木盆内部温度不会太高，通风性好，因此不会损伤蔬菜的根部。但木头和金属配件容易腐蚀，耐久性较差，切勿将木盆直接放在阳台上，最好将其放在盆栽架或台面上。

◭田园风的盆器内部做过烘烤处理，不易腐烂。

◭活用木纹上色的时尚木盆。

◭大型盆器，它在倒入土壤后会变得很重，所以最好先确定好其摆放的位置再进行栽培。

变废为宝的奇妙盆器

试着在空塑料瓶或装培养土的空袋子里栽培蔬菜。虽然比不上在种植箱里栽培的采收，但其魅力在于它不受场地的限制，并且一年四季都可以栽种。比起移植幼苗，它更适合播种栽培的蔬菜，若有空袋子，还可以种植根菜类蔬菜。只要稍下功夫，许多容器就都可以变废为宝。

使用塑料瓶

最好使用容量为2L的塑料瓶，这样能装入许多土壤。可将其上方切除，立起来使用，还可以在其侧面开口横向使用。为了更好地排水，需用锥子在塑料瓶底部打4~8个洞。为了防止切割伤自己，可在切口处粘塑料胶条。最好使用含有基肥的颗粒状培养土。

京菜

播种、进行间拔栽培。
长方形盆器可种 3~4 株，长成幼苗时就可采收。

草莓
由于其果实是向下垂坠的，因此可以将塑料瓶立起。除了方形容器外，还可以使用圆柱形塑料瓶。

荷兰芹
由于荷兰芹需要一段时间才会发芽，因此可直接种植幼苗。注意不要伤到幼苗根部。若将塑料瓶横放，则可以种植 2 株幼苗。

使用空袋子

用空袋子栽培时需选择通气性较好的材料，若使用装肥料或培养土的塑料袋，则需要挖若干个直径为3~4cm的洞用于排水。

番薯
在原本装培养土的袋子里加入土壤，种植一株幼苗。由于埋在土里的根部会渐渐长成番薯，因此幼苗埋在土里的深度应该更深一些。需放置在日照条件好的地方，并且要控制好浇水量。

花生
在原本装培养土或肥料的袋子里加入土壤，种 2 粒种子，进行间拔栽培。为了能在追肥后添加土壤，需要在开始时控制好土量。

22

使用杯面的容器

将容器洗净后，在底部打孔用于排水。由于容器可装的土量较少，因此宜种植嫩叶蔬菜。

莴苣（混合花园）

种植后要注意浇水，待其长出 5~6cm 后可采收，待其再长一些后还可再次采收。

牛蒡

去除肥料袋的底部，填入土壤，将其变成圆柱形，再插入 4 根支架使其保持直立，然后播种。若种植牛蒡，可种 10 株左右；若种植长芋，则可种 4~5 株。

使用空的曲奇饼干盒

试着用各种不同形状或大小的空盒栽培蔬菜。曲奇饼干等点心盒本身较大，可用于混栽。为了更好地排水，可在底部打孔，并铺上盆底网。

香草的混栽

在长得较高的柠檬尤加利旁可栽培春黄菊、叶片带斑点的凤梨薄荷、荷兰芹和芝麻菜。

利用蔬菜蒂

在器皿中装入水，再放入料理过程中切下的蔬菜蒂，它就会长出嫩芽。在大的器皿中还可以种植白菜。

胡萝卜蒂、白萝卜蒂、牛蒡蒂

新芽嫩绿水灵，除了牛蒡以外，胡萝卜、白萝卜都可以用于制作沙拉。

胡萝卜蒂、白菜蒂、葱蒂

种植白菜蒂，直到其长出茎、开出花为止。

23

盆栽的必需品

挖土铲、移植铲、长嘴浇水壶、园艺剪都是盆栽常用的工具。根据蔬菜的种类，有时候也需要用到支架（柱）或绳子等，建议从使用频率高的工具开始准备。

挖土铲

将土铲到盆器里时使用。带把手的款式可以一次性装很多土。

育苗软盆

播种或育苗时使用，通常使用2~3号的软盆。为了防止土壤流失，必须在盆底铺上底网。

长嘴浇水壶

可拆除莲蓬头的长嘴浇水壶使用起来非常方便。最好准备一个可一次性装很多水的大浇水壶和一个施液肥或播种后使用的小浇水壶。

莲蓬头

塑料盆

水泥师傅混合水泥或砂石时常使用塑料盆。80L大小的塑料盆用来装土壤或混合土壤都很方便，也可以用水桶代替。

移植铲

用于移植幼苗、中耕或挖洞。分宽、细两种类型，可根据盆器的大小进行选择。

瓶盖浇水器

只要换一下瓶盖就可以变成方便使用的浇水器，非常适合用来稀释少量液体肥料。

园艺剪

除了用于间拔、摘心、采收外，也可以用于剪绳子。应挑选重量适中且好拿的款式。

筛网

播种后覆盖土壤时使用。覆盖土壤时需使用网眼较小的筛网。

播种或间拔、栽种时，可以用来测量间距，非常方便。

量尺、尺

支架

用来让藤蔓攀爬，支撑番茄、茄子的枝条或刚种下的幼苗。

播种后将木板压在土壤表面，使种子和土壤紧密贴合。

木板

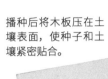

标签

用于标注蔬菜的名称、品种、播种日期或人工授粉日期。

绳子

将植物的茎固定在支架上时使用。椰子纤维做成的绳子或麻绳都很好用。

瓶盖、盖子

用点播法进行播种时使用，方便用来挖洞。可根据种子的大小选择不同的种类。

用于轻松移动大型盆栽。

盆栽移动架

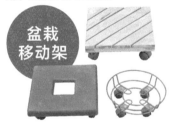

盆底石

在盆底放盆底石可以改善排水条件。一般多使用轻石、颗粒大的赤玉土、泡沫颗粒等。若盆底是网状结构，则不需要放盆底石。

用于收纳标签、剪刀、镊子等小型工具，或放置移动播种后的软盆和幼苗，非常方便。

工具箱

无纺布、盆底网、晾衣夹

将盆底石装在网中，这样一来，再次使用的时候就能节省时间，比较方便。

作业时为了不弄脏阳台，可在地板上铺上园艺垫。四角可以固定的园艺垫使用起来比较方便。

园艺垫

用于防虫和防寒。播种后将无纺布盖在盆栽上，再用晾衣夹固定。若种植幼苗，可以从支架上往下盖无纺布。在盆器底部铺上盆底网。

适合盆栽的土壤

盆栽每天都要浇水，导致土面容易硬化，透气性较差。所以使用排水性、透气性好，又富含肥料的土壤显得十分重要。

此外，也可以自己调配土壤。根据蔬菜的种类，在基础用土中混入改良用土，或是混入腐叶土或堆肥等，但要注意避免伤到蔬菜根部。

盆栽每天都要浇水，导致土面容易硬化，有机质、保水性好的土壤。若是首次种菜或想要体验种菜的人，可以直接购买市面上销售的培养土。

上与栽种花草使用的土壤相同，是排水性、透气性好，富含有机质、保水性好的土壤。若

适合蔬菜成长的土壤

适合蔬菜成长的土壤基本

若土壤的保水性、排水性、透气性都很好，不管是花草还是蔬菜，都能茁壮生长。

基础用土

调配栽培用土时使用的基础土壤添加的比例较高。适量的基础用土可以用来支撑植物。

[赤玉土]

将日本关东垆坶质土中层的红土进行干燥处理，再选出颗粒大的土粒，即为赤玉土。其通气性、保水性、保肥性好，被用作基础用土。

[黑土]

黑土为日本关东垆坶质土的表层土，富含一种被称为火山黑土的有机质，质地轻软。其保水性好，但透气性和排水性较差，因此，需和腐叶土等混合使用。

改良用土

用来与基础用土混合，以改善土壤的透气性、排水性、保水性、保肥性。它分为有机质和无机质两种。

[腐叶土]

腐叶土是由阔叶树的落叶堆积发酵而成的改良用土的代表。它不仅保水性、通气性、保肥性好，还能改善土质。由于品质参差不齐，请尽量挑选看不出叶子形状的细土。

[堆肥]

堆肥由树皮或牛粪等有机质堆积发酵而成。虽然它含有少量肥料的成分，但不足以满足蔬菜生长所需，所以需要施以其他肥料。由于它像腐叶土一样被当作改良用土使用，因此最好选择完全发酵的堆肥。

[膨胀蛭石]

蛭石经过高温处理后会膨胀10倍以上。它质地轻，且保水性、通气性、保肥性好，和腐叶土一样被作为改良用土使用。

自己调配土壤

盆栽因为土壤有限，加上每天都要浇水，土壤容易变硬。土壤硬化会导致其排水性和通气性变差，所以最好使用经常浇水也不会变硬的土壤。

以保水性、保肥性好的赤玉土为主，再加入保水性和通气性好的腐叶土、堆肥或膨胀蛭石。建议按照左表所示的蔬菜种类对应的土壤比例进行调配。

由于必须根据蔬菜的种类调整土壤的酸碱度，因此可以加入苦土石灰作为补充养分的基肥（尽量选择具有缓效性的有机肥料）。

适合盆栽的理想土壤比例

类别	图		肥料
瓜果类	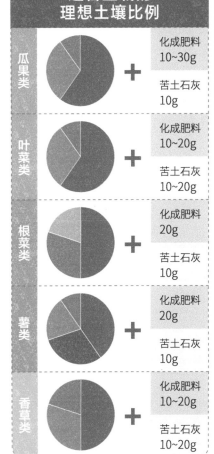	+	化成肥料 10~30g / 苦土石灰 10g
叶菜类		+	化成肥料 10~20g / 苦土石灰 10~20g
根菜类		+	化成肥料 20g / 苦土石灰 10g
薯类		+	化成肥料 20g / 苦土石灰 10g
香草类		+	化成肥料 10~20g / 苦土石灰 10~20g

■赤玉土 ■腐叶土 ■堆肥 ■膨胀蛭石 ■砂土
※ 化成肥料和苦土石灰是以 10L 土壤为基准的量

一般混合比例

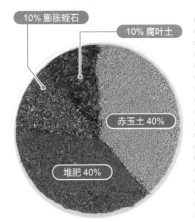

一般混合比例为赤玉土 40%、堆肥 40%、膨胀蛭石 10%、腐叶土 10%。

10% 膨胀蛭石　10% 腐叶土
赤玉土 40%
堆肥 40%

酸碱度调整法

苦土石灰　化成肥料　一般混合土

在约 1L 的一般混合土加入 1~2g 苦土石灰和 7~10g 化成肥料，充分搅拌。

使用市售的培养土

市面上销售的培养土，打开袋子就能使用，十分方便。市售的培养土有蔬菜专用、花卉专用、香草专用等许多种类，可根据需要进行选择。使用市售的培养土时，必须确认肥料的成分和是否有调整过酸碱度等信息。

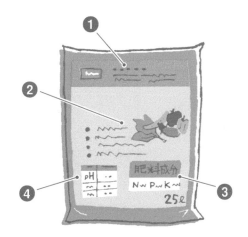

25ℓ
pH
肥料成分 N~ P~ K~

❶ 标示制造商和制造商所在地
❷ 适合的作物
❸ 肥料成分信息
❹ 标示酸碱度等信息

育苗用的培养土（播种用土）

市面上销售的播种用土质地会比培养土更细，更方便播种。此外，虽然可以单独使用小粒赤玉土、膨胀蛭石和小粒赤玉土的等量混合土，或泥炭土和小粒红玉土的等量混合土，但必须保证水分和氧气足以促使种子发芽。

27

土壤的回收利用方法

即使是盆栽同种蔬菜，直接用同一批土壤种植，也会产生连作障碍。若是栽培不同种类的蔬菜，即使一年内使用同一批土壤，也能顺利进行栽培。

但是，使用过的土壤容易残留细根、害虫、病原菌或肥料，再次利用时必须让土壤再生。因为土壤再生必须靠阳光消毒，所以最好选择日照充足的夏天进行。

市面上有很多只要混入旧土就可以让土壤再生的商品。因此，使用过一次的土壤不要扔掉，再生之后继续利用吧。

把再生后的土壤装进塑料袋中，放在既不会被阳光直射，也不会被雨淋到的地方保存。

【旧土暴晒法】

1 拔出枯萎的蔬菜。

2 把报纸摊开，再将土壤倒在报纸上。

3 搅拌土壤，在夏日暴晒1周左右，让其充分干燥。

4 将干燥的土壤用筛网过筛，去除细沙。

【旧土再生法】

在旧土中加入一成左右的再生材料，1L的土壤加入约3g苦土石灰，约7~10g化成肥料，充分搅拌。

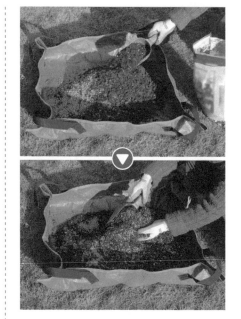

【旧土再利用法】

在混合再生后的旧土中混入新土（赤玉土、腐叶土）。添加化成肥料作为基肥，充分搅拌后再进行利用。

回收利用旧土

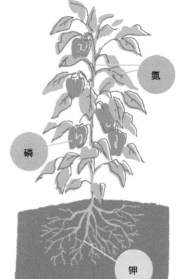

三要素的作用

叶菜类蔬菜需要大量的氮，瓜果类蔬菜需要大量的磷，根菜类蔬菜需要大量的钾。

氮

磷

钾

化成肥料的三要素

植物茁壮成长需要化成肥料的三要素(氮、磷、钾)保持平衡。

待蔬菜长大后，沿着盆器边缘撒化成肥料。

适合所有蔬菜的"8-8-8"化成肥料。

在浇水壶中加入 1L 的水，再用液肥的盖子倒入 1mL 的液肥原液，混合后就成为稀释 1000 倍的液态肥料。

盆栽所需的肥料

植物茁壮成长需要肥料。特别是盆栽，由于每天浇水，肥料会流失，导致养分不足，因此必须进行追肥。试着一边观察蔬菜的成长情况一边施肥吧。

肥料三要素

肥料中最重要的成分——氮、磷、钾，合称『肥料三要素』。

氮，又名叶肥，能帮助叶与茎成长。磷，又名果肥，有助于开花结果。钾，又名根肥，能促进根部的成长，增加薯类的收成。

肥料袋上通常会用数字标示肥料三要素的比例。例如，『8-8-8』就表示氮、磷、钾在 100g 肥料中各含 8g，这种肥料称为『三八肥料』。由于这种肥料的三要素的比例较均衡，因此，种植任何蔬菜都可以用『8-8-8』化成肥料作为基肥。

施肥方法

肥料可分为基肥和追肥两种。基肥是在播种或移植幼苗前混入土壤的肥料，通常是使用效果慢慢出现的缓效性肥料。追肥是视植株的成长情况而施加的肥料，包括专门施撒的化成肥料和液体肥料(液肥)。

由于盆栽多使用市面上销售的化成肥料和液体肥料的培养土，因此，追肥才是主要作业。

追肥就是沿着盆器边缘施化成肥料，根就会生长，长出蔬菜后，沿着盆器边缘施化成肥料，根就会生长，并将其倒入水中进行稀释。

叶菜类蔬菜。先将水倒入附刻度的水壶里，再用附刻度的盖子或滴管测量适量原液，并将其倒入水中进行稀释。

且生长效果大大提升。因为液肥会立即产生效果，所以适合因缺乏肥料而变得衰弱的植株或短时间就能采收的叶菜类蔬菜。

29

牢记采收前的作业工序

播种、移植幼苗之后的作业会轻松很多。不管是什么蔬菜，所需的作业工序基本大同小异。只要牢记采收前的作业工序，促进其生长点，就能轻松栽培蔬菜。

播种培育

播种分为直接将种子埋入盆栽的『直播栽培』（P30）和先在育苗软盆中培育到一定程度再换盆进行培育的『移植栽培』（P33）。

直播栽培适合白萝卜等根菜类蔬菜和菠菜等栽培时间短的叶菜类蔬菜。直播栽培方法又分为撒播法、条播法、点播法3种。根据盆器的形状和蔬菜种类，选择适合的播种方法。

将土壤放入盆器

此为种植盆栽蔬菜的第一步。不管是播种还是购买幼苗进行移植，第一步都是将土壤放入盆器。要注意预留盆栽浇水空间，即土壤需离盆器上方2~3cm，还要铺平土壤表面。

[盆器]

放入土壤的方法

① 若盆器底部已铺有网，则无须放入盆底石，直接倒入土壤即可。

② 装入土壤，上方预留2cm左右的浇水空间。

③ 装入土壤后，用木板等将土壤表面轻轻压平。

④ 为了防止土壤流失和虫害，要在盆器铺上盆底网，若已有网，则不需要。

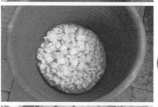

⑤ 为了增强排水性，在盆器底部铺一层泡沫颗粒。

⑥ 倒入土壤并铺平，在盆器上方预留2cm左右的浇水空间。

浇水空间

浇水空间指在盆器上方预留一个可以囤积水分的空间。若没有预留这个空间，浇水时，土壤就会随着水一起流失。

[育苗软盆]

① 在软盆底部铺盆底网。

② 加土到八分满。

③ 铺平土壤表面。

移植栽培则适合莴苣、花椰菜、白菜、卷心菜、豌豆等育苗时间长、植株少的蔬菜。育苗时间长且育苗不易的番茄、茄子、青椒、黄瓜等通常都是从幼苗开始种植。

直播栽培

[撒播法]

撒播法是均匀播种的方法，适合从幼苗时期就必须一边间拔一边种植的叶菜类蔬菜。但要注意，太迟进行间拔的话，会产生徒长问题。

1 用拇指和食指轻捏种子，均匀地撒在土壤上，防止种子重叠在一起。

2 播种完成后，用筛网将细土均匀盖在种子上。

3 用手掌轻压土壤，让种子和土壤紧密贴合后再浇水。

[条播法]

条播法是为了避免种子重叠在一起，先挖出沟槽再并排播种的方法。若挖1条沟槽，就撒1排种子，若挖2条，就撒2排种子，以此类推。此法适合牛蒡、芜菁、胡萝卜、小松菜、菠菜等多种蔬菜，便于发芽后进行间拔或追肥作业。

1 用支架等细棍压出1条笔直且深度一致的沟槽。

2 在沟槽中每隔1cm撒1粒种子。

3 播种完成后用拇指和食指拾掇沟槽两边的土，使其均匀地盖住种子。

4 用手掌轻压土壤，让种子和土壤紧密贴合后再浇水。

[点播法]

点播法指预先确定蔬菜的间距，在同一处撒下数粒种子，适合白萝卜、白菜、玉米、豌豆、四季豆等种子体积较大或生长时间较长的蔬菜。点播法不仅可以节省种子，而且便于进行间拔。

1 利用瓶盖等在土壤中挖洞。

2 在洞中等距撒下数粒种子。

3 用洞周围的土壤覆盖洞口，并用手掌按压，让种子和土壤紧密贴合后再浇水。

31

[育苗软盆]

不直接将种子播种在盆器里，而是先在育苗软盆里一边间拔一边培育，待幼苗长到一定程度后将其定植到盆器中。移植栽培适合育苗期较长的瓜果类。也可直接栽培市面上贩卖的幼苗。

1 用食指在土壤里戳洞，深度大概到第一指节，这样能保证种子播种在深度一致的地方。

2 将每粒种子分别放入挖好的洞内。

3 播种后，用手指轻捏旁边的土壤将洞覆盖。

4 并拔四指，轻压土壤，让种子和土壤紧密贴合后再浇水。

顺利播种的诀窍

若还不熟练，则会觉得播种是一件很难的事。对于体积小的种子，试着把种子放在对折的纸上，用牙签一粒一粒地进行播种，播种效率会大大提高。

此外，不易发芽的种子可以先进行催芽，或在水里浸泡。

一个晚上，这样比较容易发芽。播种后覆盖的土量因种类而异。

若是需要光才能发芽的喜光性种子（见下表），则只需稍微覆盖一层薄土，使种子若隐若现即可。

相反，若是厌光性种子（见下表），则必须覆盖约3倍厚的土壤。

[体积小的种子]

用牙签一粒一粒地播种。

[较硬的种子]

先将种子放在水中浸泡一晚，这样更容易发芽。

[较难发芽的种子]

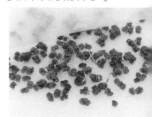

泡水后用湿布包起来，待发芽后再播种（催芽）。

[细小的种子、喜光性种子]

1 在种子上盖上一层轻薄的土壤，再用木板轻轻压平。

2 盖上湿报纸直到发芽（防止土壤变干）。

3 由于种子容易被水冲走，所以要连同育苗软盆一起泡在水里，使其从底部吸收水分。这种浇水方式叫作"腰水"。

喜光性种子	牛蒡	紫苏	西芹	胡萝卜	荷兰芹	鸭儿芹	莴苣等

只需稍微盖住种子

厌光性种子	葫芦科		茄科		十字花科		
	南瓜	西瓜	瓜类等	番茄	茄子等	白萝卜	西蓝花	白菜等

土壤的厚度应为种子厚度的3倍

播种后的管理

十字花科的蔬菜常常遭受虫害，播种后要盖上防虫网或无纺布，以预防虫害。

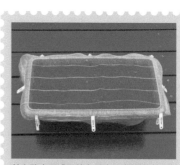

盖上防虫网或无纺布后也可直接浇水，它们除了可以防虫，还可以防止土壤变干。

发芽后的管理

虽然种子发芽的时间根据季节的不同会有些差异，但播种后大约3~10天种子通常都会发芽。种子发芽后留下长得较好的幼苗，通过间拔使幼苗保持适当的距离。间拔时要注意不要伤到欲保留的幼苗。

幼苗长出双叶（子叶）后，拔掉长得过于密集的幼苗，让幼苗保持一定的间距，这称为间拔。通过间拔，日照和通风条件都会变得更好，所以应该尽早进行间拔，避免徒长。

一般情况下，间拔作业不止进行1次，而应根据蔬菜的生长情况分2~3次进行。

间拔后要用土壤固定幼苗，以防其倒塌。

长出双叶后进行第一次间拔。拔掉叶子形状欠佳或受到虫害、过小或过大的幼苗。

间拔重点

快要长出真叶时，就到了第二次间拔的时间。为了不让叶子碰到一起，应适当调整幼苗的间距。

[第一次间拔]

1 发芽后，拔掉过于密集的部分。用剪刀剪可避免伤到欲保留的幼苗。

2 间拔完后，用土壤固定幼苗。

待长出3~4片真叶后，就进行第三次间拔。根据蔬菜的种类调整幼苗的间距。

[第二次间拔]

1 快要长出真叶的时候，需视生长情况进行2~3次间拔，使幼苗保持适当的间距。

2 第二次间拔后，要用移植铲固定幼苗。

幼苗的移植

草莓、小黄瓜、番茄、茄子、白菜、荷兰芹、青椒、莴苣等的种子发芽需要较高的温度，而且育苗时间较长，因此最好购买市售的幼苗进行栽培，这样不容易失败。如果栽培的株数较少，购买幼苗也比较方便。

无论是自己在软盆里栽培出来的幼苗，还是从市面上购买的幼苗，种植的方法都是一样的。从软盆里取出幼苗时，要注意不要破坏根团（保证根部周围的土块完整）。栽种时不要种得太深，土壤表面与根团上表面齐平即可。种下后轻压土壤表面进行固定，再大量浇水。

种植番茄时，中途要将其移植到较大的软盆里，可等到第一朵花开后再进行定植。

移植市售
幼苗的重点

[生长状况好的幼苗]

顶端长出新芽，已经开了第一朵花。

叶片没有遭受虫害，下方的叶片颜色较深。子叶数量较多。

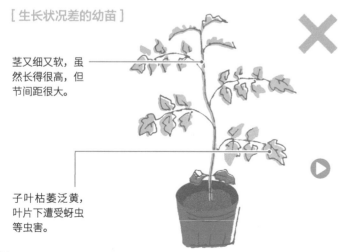

不要破坏根团，挖好和根团深度相同的洞，再植入幼苗。

[生长状况差的幼苗]

茎又细又软，虽然长得很高，但节间距很大。

子叶枯萎泛黄，叶片下遭受蚜虫等虫害。

避免根团遭到破坏，同时也要避免种得太深，导致子叶埋入土里。

成长中的管理

浇水

浇水是进行盆栽时必不可少的工作，一定要每天给它浇水，但由于肥料会随着水一起流失，因此还要进行追肥。

根据蔬菜的种类不同，有时需要进行立支架或摘心等作业。

盆栽，对于容易干燥的盆培，因浇水频繁，肥料容易随浇水流失，因此追肥显得十分重要。

浇水的秘诀在于，在盆栽表面的土壤变干后再进行大量浇水，土壤变干前则无须浇水。

浇水是进行盆栽时必不可少的工作，但若浇水太多，有时会导致根部腐烂，蔬菜枯萎。

追肥

土量受到限制的盆培，因浇水频繁，肥料容易随水流失，因此追肥显得十分重要。追肥主要分为固体的化成肥料和液体肥料。由于化成肥料中氮、磷、钾三要素的含量较少，因此要进行多次追肥。施肥时要尽量避免肥料碰到叶子。

浇水的方法

浇水应直到水从盆器底部流出为止。

[小苗]

给小苗浇水时，将浇水壶的莲蓬头朝上，轻轻洒水即可。

[幼苗]

给较大的幼苗或长大的作物浇水时，浇水壶可以不装莲蓬头，直接将长口对准茎底浇水。

[播种后]

播种后浇水时，要避免种子在浇水后浮出水面并流走。

追肥的方法

利用盆栽种植蔬菜时，一般都是在土壤中混入会随着下雨或浇水渐渐溶解的颗粒化成肥料，再固定土壤。将肥料混入土壤中，然后浇水，进行有效施肥。

[条播法]

使用条播法时，以1L土壤施1g化成肥料的比例将肥料撒在沟槽中，再用移植铲等将肥料混入土壤。

[撒播法]

使用撒播法时，以1L土壤施1g化成肥料的比例施肥，注意不要使肥料碰到叶子。只需将肥料混入土壤，无须固定土壤。

[点播法]

使用点播法时，以1L土壤施1g化成肥料的比例将肥料撒在植株的周围，将肥料混入土壤中再推向植株。

将液体肥料直接倒向茎底

加水就能进行稀释的液体肥料是一种效果极佳的肥料。给叶菜类蔬菜或缺少肥料、比较娇弱的蔬菜浇水的同时施肥，效果显著。按照说明书上的比例适当稀释，再用浇水壶直接将液体肥料倒向茎底。1~2周施肥1次即可。

栽培藤蔓类蔬菜或可能会长得很高的蔬菜时都要立支架。例如，种植番茄、茄子、青椒、苦瓜、秋葵、豌豆等，为了防止植株倒塌，都要立支架。在立支架时，注意不要绑得太紧，用绳子将茎轻轻绑在支架上即可。

◀种植藤蔓类植物，如西瓜时，要架设灯笼状的支架让其攀爬。

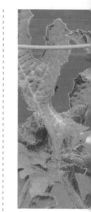

△对西瓜的母蔓进行摘心，促使其长出带雌花的子蔓。

◀要先将刚种下的幼苗绑在临时支架上。用绳子轻轻打一个结，以预防风害。

为了收获大的果实，就要进行摘芽。种植番茄、青椒、茄子时，为了防止其长出太多不需要的分枝，必须摘掉侧芽，这样就能改善日照和通风条件，更易培育出大的果实。

△从番茄的叶腋处长出的侧芽必须全部摘除。

▽除了留下茄子第一朵花下长得较扎实的2根侧芽之外，其余侧芽要全部摘除。

△为了收获硕大的马铃薯，除了留下较为粗壮的1~2根侧芽之外，其余侧芽要全部摘除。

进行盆栽时需要多次浇水。但是，土壤会随水流失，导致根部露出土面，植株倒塌。当土壤减少时就必须添加新的土壤。例如，种植胡萝卜或马铃薯时，为了防止块茎绿化，必须增土。

◀当土壤变少、根部露出土面时，就必须增土。

▽种植胡萝卜时，为了防止块茎绿化，必须进行增土。

△追肥后再增土，可大大提高肥料的功效。

预防干燥

夏季土壤干燥得很快，必须勤浇水。在盆栽上铺设稻草可预防干燥。

△在蔬菜中最不耐旱的里芋周围铺上稻草后再浇水。

△在喜湿的空心菜周围铺设稻草。

摘心

摘心指的是摘除茎部最前端的顶芽以增加收成。罗勒、空心菜、茼蒿、紫苏等进行摘心后会长出侧芽，这样就可以持续采收。此外，番茄和黄瓜要等其植株的高度超出支架后再进行摘心，这样能使养分向下输送，使其结出丰硕的果实。

除霜

在冬季种植茼蒿、京菜、菠菜等蔬菜时，需覆盖无纺布或防寒纱隧道棚，这样就能收获又嫩又好的作物，还能延长采收期。

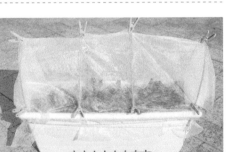

△铺上防寒纱隧道棚，可以起到防寒效果，有助于植株苗壮成长。

◁早春或晚秋播种后，要用塑料袋等覆盖在盆栽上进行保温，以促进种子发芽。

采收

在身边的场所就可以进行栽培，并且可以随时收获所需的蔬菜，这是盆栽的一大优点。不要错过蔬菜的赏味期，适时收获吧。

▽沙拉芥菜要一边间拔一边采收，以确保剩下的植株有充足的日照。

▷西芹只要在需要使用的时候从外叶开始采摘，就可以持续收获很长一段时间。

人工授粉

高楼层的阳台很少有昆虫飞来，所以为了收获果实，人工授粉就显得十分重要。建议多种几株，以增加人工授粉的机会。

▽由于花粉的寿命很短，因此必须在早上9点前完成授粉。

打造不会发生病虫害的环境

为了减少病虫害，必须打造日照和通风条件好、适合植株生长的环境。

由于蔬菜要尽量在无农药的环境下生长，因此，我们每天都要仔细确认蔬菜的生长情况，避免病虫害扩散。

病虫害的预防与消杀

在日照、通风条件不佳或梅雨季的潮湿环境下，疾病造成的损害会更加严重。因此，必须使植株保持适当的间距，维持良好的日照和通风条件，同时也要防止过度施肥和浇水。此外，还必须根据蔬菜生长的季节进行栽培。

一旦发现虫害就应该立即进行消杀。防虫网可以有效地预防虫害。防虫网要用绳子或晾衣夹牢牢固定在盆栽上。枯叶或泛黄的下叶是疾病产生的根源，必须摘除。

预防疾病

保持适当的植株间距的同时，盆栽之间也要保持适当的距离。在盆栽的下方放置瓦片或角垫（足台），增加通风性和排水性。

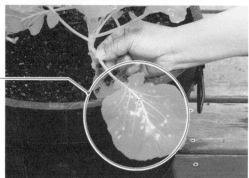

角垫

▶放置角垫后，盆底的通风性和排水性会得到改善。

得病的下叶

▶泛黄的下叶是疾病产生的根源，必须尽早摘除。

▶进行间拔，根据蔬菜的种类使之保持适当的间距。

虫害的防除

△播种后立即盖上防虫网，再用绳子绑紧，将其牢牢固定在盆栽上，切勿留有缝隙。

△用盆栽种植蔬菜时，可用粘虫纸捕获飞来飞去的蚜虫等害虫。

喷雾式药剂无须稀释，可直接使用，也无须担心药剂浓度，可直接对准目标进行喷洒。

正确、安全地使用药剂

无论如何努力，也无法做到完全预防病虫害。因此，为了防止病虫害，有时不得不使用药剂。但若能正确使用药剂，还是十分安全的。

使用药剂的诀窍在于，趁灾害刚发生还未扩散时就采取应对措施。首先，应确定究竟是疾病还是虫害，然后仔细阅读药剂说明书，再根据使用方法进行喷洒。

目前市面上已出现对人体无害的和含食品成分的药剂，可以试着用用看。

若要在不使用药剂的情况下防虫，则建议在盆栽上覆盖防虫网或无纺布。叶菜类蔬菜在播种后要立刻盖上防虫网，若是移植幼苗，则要在盖网之前仔细确认幼苗上是否有虫或虫卵。

防虫网

○移植幼苗后可用支架将防虫网弄成隧道状。

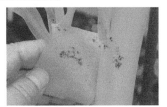

○用粘虫纸清除蚜虫。

◁用镊子或竹筷清除害虫等。

药剂的正确使用方法

▶使用颗粒药剂时要严格控制剂量，药剂要均匀散布，切勿集中喷洒于一处。

▶害虫会躲在叶子下面。此外，菌类也可能会从叶子下面的气孔钻入，因此必须仔细喷洒药剂。

安全的药剂

含食品成分的药剂

含食品成分的药剂多种多样，有的以马铃薯或玉米中的淀粉为主要成分，有的以香菇的菌丝、除虫菊萃取物、肥皂等为主要成分制作而成。它们由于不含化学杀虫、杀菌成分，因此比较安全。

用淀粉制作的黏性杀虫剂

BT 剂

BT 是一种叫作 Bacillus thuringiensis 的微生物的缩写。它是一种能够除掉毛毛虫和菜蛾等害虫，同时对环境无害的杀虫剂，所以也能用在有机栽培上。纳豆菌也能杀死特定的昆虫。

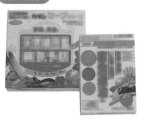

盆栽需要注意的疾病和害虫

主要疾病	主要害虫

主要疾病

白粉病

容易得病的蔬菜：小黄瓜、南瓜、豌豆、草莓、茄子等

叶片上仿佛覆盖着一层白色的粉末。

预防与对策
▶避免密集栽培，增强通风性和排水性。

露菌病

容易得病的蔬菜：卷心菜、茼蒿、小黄瓜、萝卜、莴苣等

叶片上出现黄色的角状斑纹。

预防与对策
▶增强通风性和排水性。

疫病

容易得病的蔬菜：小黄瓜、番茄、青椒、马铃薯、南瓜等

茎、叶、果实都出现褐色的大型病斑。

预防与对策
▶避免密集栽培，增强通风性和排水性。

软腐病

容易得病的蔬菜：洋葱、白菜、卷心菜、西洋菜、莴苣等

根部腐烂，散发恶臭。

预防与对策
▶避免密集栽培，增强通风性和排水性。

主要害虫

蚜虫

容易长虫的蔬菜：菠菜、荷兰芹、蚕豆、白萝卜、（几乎所有蔬菜）等

成群出现在新芽或叶片上，吸取汁液。

预防与对策
▶盖上防寒纱或使用粘虫纸。

螨虫

容易长虫的蔬菜：茄子、浅葱、四季豆、长蒴黄麻、紫苏等

成群出现在叶片下面吸取汁液，导致叶片褪色。

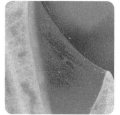

预防与对策
▶避免过度繁茂，可用水冲洗叶子。

青虫、夜蛾幼虫

容易长虫的蔬菜：花椰菜、白菜、白萝卜、小松菜、（几乎所有蔬菜）等

啃食果实，夜蛾幼虫会在夜间活动。

预防与对策
▶盖上防寒纱或进行捕杀。

小菜蛾

容易长虫的蔬菜：小松菜、青梗菜、白菜、白萝卜、芜菁等

啃食叶片。

预防与对策
▶盖上防寒纱或进行捕杀。

第 2 章

蔬果盆栽之
瓜果类

草莓

放置场所 日照充足处

盆器大小 长盆或圆盆

| 标准 | 标准 | ※ 也可以使用育苗软盆栽培 |

栽培用土 瓜果类蔬菜专用混合土

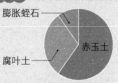

膨胀蛭石
赤玉土
腐叶土

石　　灰：每10L 用土约使用 10g 石灰
化成肥料：每10L 用土使用 10~30g 化成肥料

栽培月历

| 1 | 2 | 3 | 4 | 5 | 6 | 7 | 8 | 9 | 10 | 11 | 12 |

移植幼苗　　采收

栽培重点

- 由于草莓耐寒，不喜酷暑的天气和干燥的环境，因此建议在秋天种植。
- 草莓的根部比较脆弱，必须避免使用强效的肥料，以免造成肥伤。
- 土壤过于干燥会影响草莓生长，即使在冬天，若土壤变干，也要大量浇水。

1 移植幼苗

若刚开始尝试栽种，可先购买市售的幼苗。

由于种得太深会不利于其生长，因此土壤只需稍微覆盖叶片根部的根状茎（生长点）。此外，花卉生长在走茎的另一侧，所以移植时走茎要靠内侧。

① 装入用土，预留约 3cm 高的浇水空间。

3cm 左右

第一层

② 将手指插入育苗软盆底部的洞内，推出幼苗。

当根部缠绕在一起时，可去除底部的根，稍微弄松根部，使根部接触土壤。

弄松根部

4 在土壤中挖一个稍大于根团的洞，放入幼苗。用周围的土壤覆盖这个洞，并用手轻轻按压，注意不要盖住根状茎。

根状茎

根状茎

注意不要盖
住根状茎。

走茎

》POINT

固定土壤。

移植后用一根棍子戳土壤，将土
壤填入根部四周，凹陷部分也要
用土壤填满。

5 敲打盆器侧面，让土壤变得紧实。

《POINT

浇水时先让水流
过手掌，可减缓
水流速度。

6 为了避免水洒到土上后溅到叶片上，
可以用手减缓水流速度，大量浇水。

7 第二层按同样的
方法进行移植。

第二层

8 所有盆栽全部移植完成。

摘除影响果实成长的走茎。

走茎

花蕾

花朵

2 摘花

草莓虽然耐寒，但在冬季生长的花朵和花蕾遇霜后会受损而无法结果。因此，为了促进茎部苗壮成长，要尽早摘除花朵和花蕾。此外，若发现枯叶，也必须摘除。

4 摘除走茎

天气变暖后，植株的生长速度变快，走茎也会跟着快速生长。为了收获硕大的果实，应适度摘除走茎。

3 追肥

草莓栽培需追肥2次。2月下旬休眠期刚结束，植株开始生长，此时进行第一次追肥。植株开花后再进行第二次追肥。建议使用草莓专用的有机肥料，也可使用草莓专用的化成肥料，一株大约施5g肥料。

5 人工授粉

草莓由昆虫授粉。若授粉过程不顺利，果实就会变得畸形，因此在阳台等少有昆虫的地方，就要进行人工授粉。

掏耳棒

为了使植株结出形状漂亮的果实，可用掏耳棒的毛球或毛笔笔尖轻刷花朵的中心。

1 休眠期结束后要进行追肥。由于草莓对肥料较敏感，因此需要施撒草莓专用的有机肥料。

《POINT

草莓对肥料较敏感，因此，在施肥时应使肥料稍微远离植株，并将肥料混入土壤中。

2 开花后进行第二次追肥，施肥方法与第一次施肥一样。

遇到这种情况该怎么办？

草莓的果实发白

覆盖满满白色粉状物的果实。

6 采收

开花后30天左右，待果实变红后就可以采收。红色的果实容易被鸟类啄食，必须十分注意。

30天左右

》POINT

用剪刀从蒂头上方剪下。

7 隔年的育苗

采收后，走茎上的幼苗可以作为隔年的幼苗使用。

固定

1 将装有培养土的育苗软盆放在幼苗下方，再用U形针固定走茎。

在草莓的常见疾病中，有一种疾病叫作白粉病，即叶子下方或果实上有时候会覆盖一层白白的微菌，这是茎叶过度茂密造成的。此外，若雨量过大，草莓在结果时也容易感染。因此结果时应避免草莓淋雨和过度密植，冬季也要仔细清除枯萎的下叶等，保持通风，预防疾病。

栽培提示 **幼苗的选择方法**

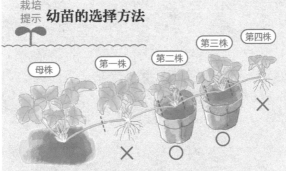

母株　第一株　第二株　第三株　第四株

走茎上长出的第一株幼苗有可能会感染母株的疾病，因此，最好选择第二或第三株长有3片及以上主叶的幼苗进行培育。

2 幼苗牢牢扎根后，切除走茎，进行培育，并在秋天进行移植。

四季豆（无藤蔓种）

放置场所 日照充足处

盆器大小 长盆或圆盆

标准　大型

栽培用土 瓜果类蔬菜专用混合土

膨胀蛭石
腐叶土
赤玉土

石　　灰：每10L用土约使用10g石灰
化成肥料：每10L用土使用10~30g化
　　　　　成肥料

栽培月历

| 1 | 2 | 3 | 4 | 5 | 6 | 7 | 8 | 9 | 10 | 11 | 12 |

播种　采收

栽培重点

🍃 可以省下在阳台上立支架的功夫。

🍃 肥料过多会导致无法结果，必须适时适量
进行追肥。

🍃 夏季需种植在通风条件好的阴凉处。

1 播种

四季豆（无藤蔓种）一般情况下都是5月进行播种，但多雨、高温、干旱的盛夏不利于果实成长，因此要尽早播种。种植无藤蔓种的四季豆时，只要依序播种就能长时间享受收获的乐趣。种子需在水里浸泡一晚，使其富含水分，更易发芽。

1 装入用土并预留浇水空间。

2 挖3个洞用于播种，彼此间隔20cm。

20cm　20cm

3 在每个洞里撒3~4粒种子，注意彼此不要重叠。再用周围的土壤盖种子，盖约2cm厚的土壤。

3~4粒种子

⌄POINT

用手轻压土壤，
使土壤和种子紧密贴合。

4 大量浇水。

46

2 间拔

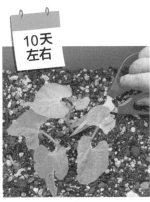

10天左右

播种后7~10天发芽。待长出2~3片真叶后，每处仅保留2株健康的幼苗。

用剪刀剪掉发育欠佳的幼苗，每处仅保留2株健康的幼苗。

3 立支架

打8字结

用绳子将植株绑好后固定在支架上。

无藤蔓种的四季豆即使没有支架也能生长，但若长到20cm以上，就应立支架避免植株被风吹倒。可将每2株绑在一起后再固定在支架上。

4 追肥

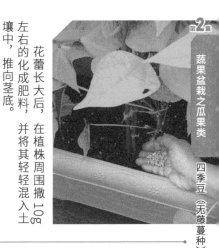

花蕾长大后，在植株周围撒10g左右的化成肥料，并将其轻轻混入土壤中，推向茎底。

5 采收

用剪刀剪下10~15cm长的豆荚。

10~15天

开花后10~15天就可以收获嫩绿的四季豆了。太迟采摘的话豆荚会变硬，因此，最好趁豆荚还不太能看出豆子的形状时就进行采收。

栽培提示

铺上稻草，放置在不会被雨淋湿的地方

开花后要避免淋雨

虽然要放在阳光充足的地方进行栽培，但开花后若淋雨则会影响花粉生成，所以下雨时最好将盆栽移到不会被雨淋湿的地方。不过，开花时若土壤过于干燥，则会导致花朵掉落，因此必须勤浇水防止土壤变干。用稻草或腐叶土盖住土壤，也能起到良好的保水效果。

无藤蔓种四季豆的花

毛豆

放置场所 日照充足处

盆器大小 长盆

标准　**大型**

栽培用土 瓜果类蔬菜专用混合土

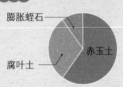

膨胀蛭石　赤玉土　腐叶土

石　　　灰：每10L用土约使用10g石灰
化成肥料：每10L用土使用10~30g化
　　　　　成肥料

栽培月历

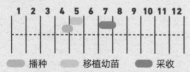

1 2 3 4 5 6 7 8 9 10 11 12

播种　　移植幼苗　　采收

栽培重点

🍃 高温的夏季不利于开花，因此，选择早生
　种可减少失败。

🍃 豆科植物应少施氮肥。放在日照充足处就
　能收获丰硕的果实。

🍃 开花时若土壤干燥则会导致花朵掉落，无
　法结果，因此要勤浇水。

---

1 播种

建议栽培生长周期较短的早生种，但若同时栽培早生种和中生种，则可以持续长期采收。

使用育苗软盆可以提早播种，且无须担心被鸟类啄食。

1 准备3个3号育苗软盆，分别装入用土，用食指在每个育苗软盆中戳3个洞，均为第一指节深。在每个洞里各放1粒种子，盖上土壤，并用手轻轻按压。

---

2 移植幼苗

待长出2片真叶后进行移植，移植时2株植株间隔10~15cm，并立支架，注意不要破坏根团。若已长出2片以上真叶，则很难进行移植，这一点要十分注意。

1 装入用土，并预留3cm高的浇水空间，挖3个稍大于根团的洞。

浇水空间

注意不要破坏根团

2 从软盆中取出幼苗进行移植，注意不要破坏根团；然后轻轻按压茎底。

真叶

初生叶

子叶

2 待长出初生叶后将植株间拔至 2 株，直到长出 2 片真叶为止。

《POINT
仅保留 2 株。

3 大量浇水。

4 暂立短支架避免植株倾斜，再用绳子将 2 株植株绑在支架上。

支架

追肥

1 待长出花蕾后，在盆器各处撒上共 10g 化成肥料。

增土

2 在化成肥料上添加土壤。

3 追肥、增土

一长出花蕾就要进行追肥。若肥料太多，枝叶就会长得过于茂密，导致难以结果，因此必须斟酌着进行追肥。此外，由于浇水会使土壤流失，因此还要进行增土。

采收时用剪刀从茎底处剪断。

也可以从胀大的豆荚开始采收。

4 采收

播种后 50~70 天就可以采收。豆荚胀大，用手一压就会弹出豆子时，就到了收获的最佳时期。

若采收太晚豆子就会变硬，因此必须趁早采收。

秋葵

放置场所 日照充足处

盆器大小 长盆

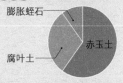
大型

栽培用土 瓜果类蔬菜专用混合土

膨胀蛭石
赤玉土
腐叶土

石　灰：每10L 用土约使用10g 石灰
化成肥料：每10L 用土使用 10~30g 化成肥料

栽培月历

1	2	3	4	5	6	7	8	9	10	11	12

■ 播种　■ 采收

栽培重点

- 由于秋葵偏好高温，因此可先在育苗软盆中播种、育苗，待气温升高后立即进行定植。
- 由于秋葵会长得较高，导致根部无法扎实地固定在盆栽中，因此需要架设支架。
- 由于秋葵的生长速度较快，因此需要看准时机，在果实变软之前进行采收。

虽然秋葵可以直接播种，但因为秋葵偏好高温，所以可先在育苗软盆里进行育苗。秋葵的种子较硬，不易吸收水分，因此，最好先让种子在水中浸泡一晚，再进行播种，这样可促进发芽。

1 播种

1 准备3个3号育苗软盆，分别装入用土，再分别放入3粒种子。

间拔

2 长出子叶后，间拔掉其中1株，留下2株。

3 待长出 3~4 片真叶后，分开单独种植。

秋葵的根须较少，容易碰伤，因此最好在长出 3~4 片真叶后进行移植。移植时要注意不要破坏根团。此外，由于秋葵厌恶潮湿的环境，因此，若盆栽底部没有网状设计，就要铺上泡沫颗粒以增强排水性。

2 移植幼苗

2 挖3个稍大于根团的洞，彼此间隔 15~20cm。

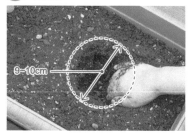

9~10cm

3 用指缝夹起幼苗，将其从育苗软盆中取出。注意不要破坏根团。

4 小心进行移植，轻轻按压土壤，之后大量浇水。

1 将泡沫颗粒装入网中，铺在盆底部，再装入用土，注意预留浇水空间。

泡沫颗粒

3 增土 追肥（第一次）

1 每月施1~2次10g化成肥料。将肥料撒在盆器各处，注意需避开植株。

追肥

2 在肥料上添加土壤。

增土

待气温升高，长出5~6片真叶后，秋葵就进入了快速生长期。由于秋葵的生长周期较长，为了能持续进行采收，必须进行追肥以防缺肥。

4 立支架、追肥（第二次）

1 每月施1~2次10g化成肥料。将肥料撒在盆器各处，注意需避开植株。

立支架

打8字结

2 进入采收期后，沿着盆器边缘施10g化成肥料，并将其混入土壤中。

追肥

待植株长到30cm后，为了防止其被风吹倒，需要立支架，并将茎部绑在支架上。此时，进行第二次追肥。

5 采收

1 趁果实变软前尽早采收。

约1周

开花后1周左右，果实长到6~7cm时就可以采收了。由于果实会渐渐长大，因此要趁其变软前尽早采收。同时，应摘除欲采收的果实下方的叶子，促进通风。

2 保留欲采收的果实下方的1~2片叶子，去除更偏下的其他叶子。

去除其他叶子

南瓜（迷你种）

放置场所 日照充足处

盆器大小 长盆或圆盆

标准　大型

栽培用土 瓜果类蔬菜专用混合土

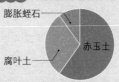

膨胀蛭石
腐叶土
赤玉土

石　灰：每 10L 用土约使用 10g 石灰
化成肥料：每 10L 用土使用 10~30g 化成肥料

栽培月历

1	2	3	4	5	6	7	8	9	10	11	12

🟩 播种　🟦 采收

栽培重点

🍃 在阳台等昆虫较少的地方栽培时，可通过人工授粉促进结果。

🍃 使用灯笼状支架整枝时，为了让果实的每个部位都晒到太阳，需时常转动盆栽。

🍃 为了防止藤蔓长得过于茂密，应选择氮含量少的化成肥料作为基肥。

1 播种

① 在育苗软盆里装入用土，再分别种下 2 粒种子，注意种子保持一定的间距。盖上 1~2cm 厚的土壤后，大量浇水。

将市售的播种用土装入 3~5 号育苗软盆，再分别种下 2 粒种子。将盆栽放置在温暖的地方，发芽后间拔掉其中 1 株。

间拔

② 发芽后间拔掉 1 株，直到长出 3~4 片真叶为止。

2 移植幼苗

① 在盆器的中央挖一个稍大于根团的洞。

② 种植时保持根团上表面和土面同高，然后轻压植株，并浇水。

植株在播种后约 1 个月就会长出 3 片真叶。天气转暖后就可以进行移植。移植时可使根部稍露出土面，进行浅栽。

3 立支架、整枝

藤蔓长长时，则需架设灯笼状支架或栅栏，以供其中一根母蔓攀爬。子蔓一长出来就要将其切除。

❶ 南瓜很重，必须架设牢固的支架。

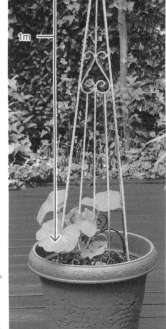

1m

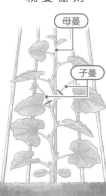

母蔓

子蔓

❷ 虽然藤蔓会长出卷须，但其无法自己向上攀爬，因此需要为母蔓做牵引。

母蔓

4 追肥、人工授粉

通过人工授粉让母蔓的第一朵花结果，可防止藤蔓和叶片长得过于茂密。人工授粉最好在早上9点前完成，并且在确认结果后再进行追肥。

❶ 摘除雄花花瓣后，将花粉抹在雌蕊上。

人工授粉

雄花

雄花

雌花

❷ 果实开始膨大后，施10g化成肥料，并将肥料轻轻混入土壤中。

追肥

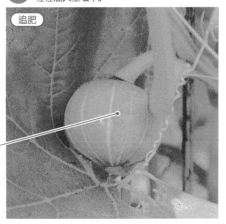

》POINT

等果实长到小孩拳头大小的时候再进行追肥。

5 采收

人工授粉后约40天，当果实的表面变硬并出现软木塞般的网状结构时，就可以进行采收了。

∨POINT

瓜蒂颜色变白后即可采收。

约40天

瓜蒂变色后，就可以用剪刀剪下瓜蒂。

普契尼

手掌大小的迷你种。用微波炉加热 3~4 分钟即可食用。可长时间存放，采收后放置一个月左右会更加美味。

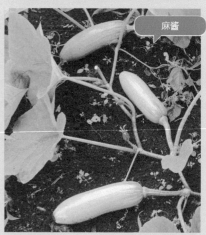

科林奇

迷你种，果实未成熟就可采收，可连皮一起生食。通常情况下开花后约 10 天即可采收，口感松脆，适合做沙拉或腌制。

栗坊

重量为 500~600g 的迷你种。其特征是果实松软甘甜，一根藤蔓上可结 3~4 个果实，适合使用拱形支架进行立体栽培。

重量为 1.8~2kg 的橄榄球状果实。深绿色的果皮上长有斑点，味道十分甘甜，口感润滑，香味浓郁。

罗伦

奶油南瓜

葫芦状的迷你种。果肉呈深黄色，纤维含量较少，口感黏糊，甜味十足，适合做汤羹。

麻酱

韩国的一个南瓜品种。开花后约 10 天即可采收，果实形似西葫芦。加热后果皮味道清淡，果肉软糯，十分美味。

会津南瓜

绿色的果皮上长有黄色的斑点，表皮有坑坑洼洼的凹槽，富含水分，口感黏糊，具有独特的香气。

日向 14 号

亦称"日向南瓜"。深深的黑绿色表皮上有坑坑洼洼的凹槽，口感黏糯，味道清淡。

朱姬

果皮呈橘色的迷你种。开花后约 30 天，待长到重量为 450~550g，有手掌般大小时，即可采收。种子较小，肉质较厚，甜味较浓。

黄瓜

放置场所 日照充足处

盆器大小 长盆或圆盆

大型	大型深底

栽培用土 瓜果类蔬菜专用混合土

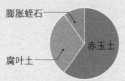

膨胀蛭石
赤玉土
腐叶土

石　　灰：每 10L 用土约使用 10g 石灰
化成肥料：每 10L 用土使用 10~30g 化成肥料

栽培月历

1 2 3 4 5 6 7 8 9 10 11 12

移植幼苗　采收

栽培重点

- 黄瓜偏好温和的气候，不耐寒，适合在夏季栽培。
- 若日照不足，则黄瓜不易开出雌花，因此最好在没有强风且日照充足的地方栽培。
- 黄瓜的根部较浅，十分靠近土壤表面，盛夏时可用稻草等覆盖，预防土壤变干。

1 移植幼苗

虽然黄瓜也可以直播栽培，但对其进行保温管理较难，因此栽培市售的幼苗会比较简单。选择长有子叶、茎部较粗、有 3~4 片真叶的幼苗进行浅栽，并注意不要破坏根团。

① 为了减轻盆栽的重量，可将泡沫颗粒装入网内再铺在盆器底部。第2章

POINT
使用泡沫颗粒可增强排水性。

② 装入用土并预留浇水空间。

③ 挖 2 个稍大于根团的洞，浅栽植株，2 株植株相距 20cm。

20cm

④ 轻压茎底土壤。

POINT

移植后大量浇水。

55

2 立支架

定植后1~2周，藤蔓就会开始生长，此时需要设好牢固的支架。立好支架后，顺着茎或藤蔓的生长趋势进行牵引。弯曲的藤蔓会影响植株生长，因此要尽量把母蔓拉直。长到盆栽外的藤蔓也要仔细进行牵引。

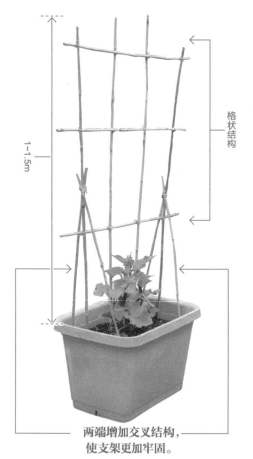

格状结构

1~1.5m

两端增加交叉结构，
使支架更加牢固。

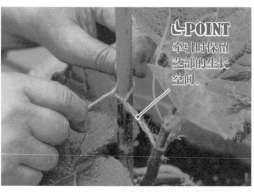

POINT
牵引时保留茎部的生长空间。

在藤蔓生长之前就对茎底进行牵引。

3 追肥

待植株扎根牢固后进行追肥。比起一次性施大量肥料，少量定期施肥的效果更好。

① 给每株植株施 5g 化成肥料。

② 将肥料轻轻混入土壤中。

4 整枝

进行整枝时，在第五片真叶长出前，要尽早摘除子蔓。第六片真叶长出后，需从子蔓的两片真叶间进行摘心。若主蔓的高度超出支架，就要摘除其前端，促进子蔓生长。

① 第五片真叶长出前，需从根部摘除子蔓。

摘除

② 摘除超出支架的主蔓前端。

5 铺设稻草

由于黄瓜的根部靠近土壤表面，因此铺设稻草可以保湿，预防土壤变干，保护根部。铺设稻草还可以防止水溅到叶片上，感染疾病。

铺设稻草

夏季土壤容易变干，需铺设稻草，经常浇水。

6 采收

移植后1个月左右会长出第一个果实。为了避免给植株造成负担，趁果实还小就要先进行采收。之后的果实长到18~20cm长时就要尽早采摘。开始采收后，每2周追肥1次。

❥POINT

第一个果实要趁小采收。

盆栽的装土量有限，切勿等果实长大后再采收。

约
1个月

18~20cm

四川

其表面刺多，凹凸感较强。皮薄而香，口感较好。果实长到21~25cm即可采收。

小胖墩

播种后30天左右即可采收的迷你种。果实长到6~8cm即可采收。口感较好，适合做三明治和腌制。

黄瓜的品种

试着种种看

Narunaru

节成性高，雌花数量多，刺小味甘，收获颇丰。易栽培，高抗染白粉病和霜霉病。

夏秋节成2号

洁白25

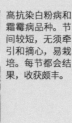

高抗染白粉病和霜霉病品种。节间较短，无须牵引和摘心，易栽培。每节都会结果，收获颇丰。

半白节成

由于果实的下半部呈浅绿色，因此又名"半白"。节成性高，黑刺系品种，果皮稍硬，比起生食，更适合腌制。

果皮呈白色，无黄瓜特有的青涩味，口感较好，除了生食之外，还可煸炒和煮汤。

鼠瓜

原产于中南美洲，因此亦称为墨西哥酸黄瓜。长有像西瓜一样的纹路，大小仅为2~3cm。味酸，适合腌制或做沙拉。

加贺粗黄瓜

日本加贺县和金泽县的传统蔬菜，属黑刺系品种。个大较粗，类似哈密瓜。果肉偏软，适合腌制和炖煮。

赤毛瓜

产于日本冲绳，黄褐色的果皮上有细微的网状纹路。果肉呈白色，无黄瓜特有的青涩味，除了做沙拉之外，还可炖煮和腌制。

日本辣椒

放置场所 日照充足处

盆器大小 长盆或圆盆

大型　　大型

栽培用土 瓜果类蔬菜专用混合土

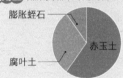

膨胀蛭石
赤玉土
腐叶土

石　　灰：每 10L 用土约使用 10g 石灰
化成肥料：每 10L 用土使用 10~30g 化
成肥料

栽培月历

| 1 | 2 | 3 | 4 | 5 | 6 | 7 | 8 | 9 | 10 | 11 | 12 |

移植幼苗　　采收

栽培重点

- 这是一种具有日本特色的、肉薄小巧的辣椒品种，其果实结实，很适合盆栽。

- 由于其偏好高温，育苗期长，很难育出品质良好的幼苗，因此建议购买市售幼苗进行栽培。

- 缺水或缺肥都会使其产生辣味，因此要注意浇水和追肥。

1 管理 移植幼苗、

选择整体发育良好且即将开出第一朵花的幼苗进行移植。第一朵花开放后要预防缺水或缺肥问题。

1 移植时切勿破坏根团，需轻按茎底土壤。移植后大量浇水。

2 暂立支架，并用绳子将茎部和支架绑在一起。

暂立支架

正式的支架

3 除了追肥和浇水之外，还需每周施 1 次液肥。开始采收后则改为每月施 1 次，每次给每株施 5g 化成肥料，并将肥料轻轻混入土壤中。

长出侧枝后就要立正式的支架，以预防植株倒塌。

2 采收

待果实长到 5~7cm 后即可依序采收。太迟采收的话果皮会变硬，并给植株造成负担，应尽快采收。

直接用剪刀从蒂头（果柄）上方剪切。

豌豆

放置场所 日照充足处

盆器大小 长盆

| 标准 | 大型 |

栽培用土 瓜果类蔬菜专用混合土

膨胀蛭石
腐叶土
赤玉土

石　灰：每 10L 用土约使用 10g 石灰
化成肥料：每 10L 用土使用 10~30g 化
成肥料

栽培月历

| 1 | 2 | 3 | 4 | 5 | 6 | 7 | 8 | 9 | 10 | 11 | 12 |

移植幼苗　采收

栽培重点

🍃 若过早移植幼苗，植株长大后容易在冬季
遭遇寒害，因此必须严格遵守移植时间。

🍃 豌豆对酸性土壤较敏感，因此调配土壤时
可添加一些石灰，将土壤的 pH 值调整至
7.5 左右。

🍃 由于藤蔓会不断长长，因此需架设牢固的
支架。

1 移植幼苗

移植的大苗容易遭遇寒害，因此，建议移植长出 3~4 片真叶的小苗。若放在日照充足的地方则无须防寒，但若放在寒风凛冽的地方则要盖上防寒纱隧道棚进行保温。

① 装入用土并预留 2~3cm 高的浇水空间，再确定幼苗的位置，彼此间隔 15~20cm。

15~20cm

≫ **POINT**

剪除发育不良的幼苗。

② 挖出稍大于根团的洞。

③ 将幼苗放入洞内，用周围的土壤覆盖，并用手轻轻按压。

④ 移植后大量浇水。

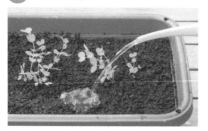

≫ **POINT**

小心取出幼苗，
切勿破坏根团。

2 立支架、牵引

将茎牵引到支架上，再用绳子固定。

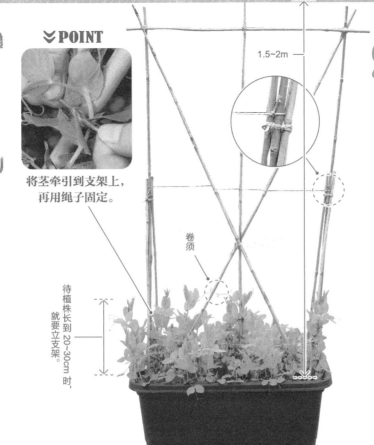

1.5~2m

卷须

待植株长到20~30cm时，就要立支架。

当植株开始生长、叶子前端长出卷须时，就要立支架供藤蔓攀爬。牵引后藤蔓会自由缠绕，使植株会变重，因此，支架必须架得牢固一些。

遇到这种情况该怎么办？

叶片出现白色纹路

不规则的白色纹路其实是叶片受到潜叶蛾或韭潜蝇侵袭后留下的痕迹。仔细观察叶片背面，就会看到有幼虫或虫蛹潜藏在叶片内部。因此，一旦发现此类白色纹路，就要立即摘除叶片，并对幼虫或虫蛹进行消杀。

正常的叶片

受到害虫侵袭的叶片

3 追肥

1 开花后在每株植株的茎底施5g化成肥料。

2 开始结果后为每株植株施与第一次等量的化成肥料。

在植株生长旺盛时进行1~2次追肥，并将肥料混入土壤中。

在茎底撒上肥料并混入土壤中。

4 采收

开花后15天左右，趁豆荚的豆子还未发育就进行采收。

用剪刀剪下豆荚。

15天左右

西瓜（小玉种）

放置场所 日照充足处

盆器大小 长盆或圆盆

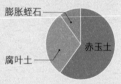

标准　　大型

栽培用土 瓜果类蔬菜专用混合土

膨胀蛭石

腐叶土

赤玉土

石　　灰：每 10L 用土约使用 10g 石灰
化成肥料：每 10L 用土使用 10~30g 化
　　　　　成肥料

栽培月历

1 2 3 4 5 6 7 8 9 10 11 12

　移植幼苗　　　采收

栽培重点

- 西瓜偏好高温、强光、干燥的环境，适合在日照强烈、气温高的夏季栽培。
- 小玉种的西瓜适合盆栽，且需立支架进行栽培。
- 由于西瓜淋雨后容易生病，不易结果，因此应将盆栽放在不会淋到雨的地方。

由于在育苗时较难进行温度管理，因此，建议栽培市售的幼苗。选择长出 4~5 片真叶的幼苗进行浅栽，注意不要破坏根团。定植时由于夜晚温度较低，因此在幼苗生长初期需为其盖上保温罩进行保温。

1 移植幼苗

1 装入用土，并预留浇水空间，再挖出一个稍大于根团的洞。

2 从育苗软盆中取出幼苗时注意不要破坏根团。

3 移植时不要埋到子叶，浅栽即可。移植完成后轻压茎底土壤，并进行大量浇水。

若幼苗会碰到保温罩，就要移除保温罩并立支架。使用灯笼状的支架更容易进行牵引。

2 立支架

立灯笼状的支架，牵引子蔓。

4 盖上保温罩进行保温。

保温罩

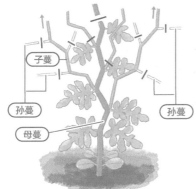

3 摘心

由于西瓜的雌花一般长在子蔓或孙蔓上，因此，当长出7~8片真叶时，就要替母蔓摘心，并将1~2根长得好的子蔓牵引到支架上。其他从子蔓长出的孙蔓则需尽早摘除。

子蔓

孙蔓   母蔓   孙蔓

4 人工授粉

为了使植株顺利结果，必须进行人工授粉。阳台上很少飞来昆虫，因此人工授粉就成了一个非常重要的工序。由于花粉的寿命较短，因此在天气晴朗的日子，早上9点前就要完成授粉，在标签上标注授粉日期。授粉时可将雄花花粉抹在雌花的花柱上。

雌花

雄花

雌花

《POINT
在标签上标注授粉日期。

5 追肥

当果实长到垒球般大小时，沿着盆器边缘撒10g左右的化成肥料。将肥料轻轻混入土壤中，并铺平土壤表面，这样可以有效提升肥料的效果。待果实长到半径5cm以上，就要用绳子吊起来进行固定。

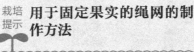

》POINT
果实像垒球一样大。

6 采收

35~40天

栽培提示 **用于固定果实的绳网的制作方法**

与在菜园里栽培不同，盆栽需要立支架供藤蔓攀爬。为了不给藤蔓造成负担，当果实长到垒球般大小时，就用网或绳子将其吊起。绳子需绑紧，避免果实掉落。

甜玉米

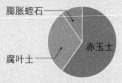

| 放置场所 | 日照充足处 |

| 盆器大小 | 长盆 |

大型

| 栽培用土 | 瓜果类蔬菜专用混合土 |

膨胀蛭石

腐叶土

赤玉土

石　　灰：每 10L 用土约使用 10g 石灰
化成肥料：每 10L 用土使用 10~30g 化
成肥料

栽培月历

| 1 | 2 | 3 | 4 | 5 | 6 | 7 | 8 | 9 | 10 | 11 | 12 |

■ 移植幼苗　　■ 采收

栽培重点

- 盆栽需架设支架和进行人工授粉。

- 由于花粉会通过风进行传播，若如果只有一株植株则很难结果，因此，必须多栽培几株同样品种的玉米。

- 最顶端的雌穗长得最大，因此要保留最顶端的雌穗。

1 移植幼苗

虽然购买市售的幼苗可节省育苗时间，但由于玉米属于直根性植物，太晚移植的话容易损伤根部，因此应及时移植。可在其长出 2~3 片真叶后进行移植。若育苗软盆中有 2 株幼苗，留下 1 株发育较好的即可，其他的则要进行间拔。

间拔

1 移植前，要用剪刀从茎底剪掉发育欠佳的幼苗。

2 装入用土，并预留浇水空间。

❯❯POINT
从育苗软盆中取出幼苗，注意不要破坏根团。

3 植株之间保持 15~20cm 的间距，挖出稍大于根团的洞。

15~20cm

4 将幼苗放入洞内，用周围的土壤覆盖，轻压茎底土壤。移植后，大量浇水。

2 追肥

① 待长出 6~8 片真叶后，沿着盆器边缘给每株植株施10g化成肥料，并将其轻轻混入土壤中。

盆栽时若没有好好施肥，则无法收获丰硕的果实。待长出6~8片真叶时进行第一次追肥，然后待植株前端长出雄穗时再进行第二次追肥。

雄穗

② 待长出雄穗后，施与第一次等量的化成肥料，并将其轻轻混入土壤中。

3 立支架

由于第一次追肥后植株会快速生长，因此需立支架，并将茎部与支架绑在一起。另外，防止植株被风吹倒。还可防止底部长出的侧芽也可防止植株倒塌，因此可任其生长，无须进行摘除。

》POINT
即使长出侧芽也无须摘除，可任其生长。

4 人工授粉、调整果实数量

由于盆栽的数量有限，容易影响结果，因此要摘取雄花，并用其轻触雌花进行授粉。如果在1株植株上长出了2根玉米，当长出玉米须后，为了使上方的玉米长大，就要尽早摘除下方的玉米。摘下的玉米可以作为玉米笋食用。

雄花

雌花

》POINT
用雄花轻触雌花进行授粉。

5 采收

20~25天

玉米须

掰下果实

若玉米须从淡黄色变成褐色，就要用手将其握紧并用力掰下。在采收前，要剥开外皮，确认果实的状态。

每株植株只能收获一根玉米。授粉后20~25天，待玉米须变成褐色后即可采收。采收前要先剥开前端的外皮，确认果实的状态。太迟采收的话玉米的甜度会降低，因此切勿错过采收的最佳时期。

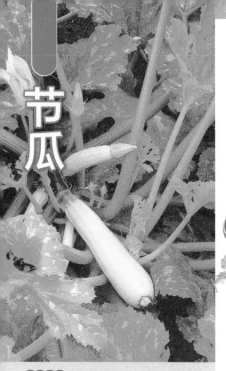

节瓜

放置场所 日照充足处

盆器大小 长盆或圆盆

大型　大型

栽培用土 瓜果类蔬菜专用混合土

膨胀蛭石
腐叶土
赤玉土

石　灰：每10L用土约使用10g石灰
化成肥料：每10L用土使用10~30g
　　　　　化成肥料

栽培月历

1	2	3	4	5	6	7	8	9	10	11	12

移植幼苗　采收

栽培重点

🌱 由于节瓜偏好干燥、不喜潮湿，因此，在梅雨季节栽培时最好将其移到不会淋到雨的地方。

🌱 茎部生长后需架设支架，以防止植株倒塌。

🌱 为了使植株顺利结果，需进行人工授粉。

🌱 盛夏时要防止缺水。

---

1 移植幼苗

虽然也可以进行直播栽培，但想要多种几株的话，直接购买市售的幼苗会比较方便。选择已长出3~5片真叶的幼苗，由于叶片宽大，建议使用10号以上的大型圆盆或长盆，每盆种一株，移植时注意不要破坏根团。

① 装入土壤并预留浇水空间，再挖一个稍大于根团的洞。

② 移植时切勿破坏根团，移植完轻轻按压茎底土壤。

③ 大量浇水。

---

2 立支架、增土

栉瓜虽然没有藤蔓，但茎会长得很长，显得体积庞大。若任其自由生长，则主茎容易折断，因此待茎长长时，要架设牢固的支架进行支撑，再用绳将茎绑在支架上。此外，浇水时土壤会随水流失，导致根部暴露在土壤表面，此时则必须添加土壤。

① 立支架，防止茎部折断。主茎和叶子上有尖锐的硬刺，在牵引时要特别小心。

立支架

50~60cm

≪POINT
浇水时土壤会随水流失，因此增土也是一项非常重要的作业。

② 若根部暴露在土壤表面，就要添加土壤。

增土

3 人工授粉

摘下雄花后摘除花瓣，再将雄蕊的花粉抹在雌花的柱头上。

摘除花瓣后的雄花

雌花

若在阳台等昆虫很少飞来的地方栽培，则无法进行自然授粉，从而导致无法结果。因此，植株开出雌花后，在早上9点前就要进行人工授粉，以确保顺利结果。

4 追肥

由于植株陆续结果，因此要注意缺肥问题。开始结果后，每20天就要施1次化成肥料，若施液肥，则每7~10天就要施1次。

开始结果后，沿着盆器边缘施10g化成肥料，并将其轻轻混入土壤中。

5 采收

4~8天

花

果实长度达到20cm，直径为4~5cm时，就可以用剪刀剪下瓜蒂。

带花的节瓜长到长度为10~15cm时也可以进行采收。

在开花后4~8天，果实还未完全成熟时就要进行采收。虽然稍微晚一点采收也可以食用，但最好在果实长度为20cm左右时进行采收。也可以采收带花的果实。

栽培技巧 **支架的架设方法**

用盆栽时，即使较短的支架也可以牢固地支撑植株。但随着主茎不断生长，就要解开绳子，将支架移至外侧再重新绑好，这样会更加牢固。牵引时建议使用稍粗的绳子，打一个较松的结。

蚕豆

放置场所 日照充足处

盆器大小 长盆或圆盆

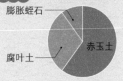

大型 **大型深底**

栽培用土 瓜果类蔬菜专用混合土

膨胀蛭石

腐叶土

赤玉土

石　灰：每 10L 用土约使用 10g 石灰
化成肥料：每 10L 用土使用 10~30g 化
　　　　　成肥料

栽培月历

1	2	3	4	5	6	7	8	9	10	11	12

　移植幼苗　　　采收

栽培重点

🍃 蚕豆在幼苗期时若没有遇到低温，就无法
　长出花芽，但大苗不耐寒，所以注意不能
　太早播种。

🍃 由于蚕豆在早春容易出现蚜虫，因此必须
　做好驱虫工作。

🍃 由于蚕豆既不耐暑也不耐旱，因此要防止
　土壤变干，并在长出花蕾后追肥。

🍃 需进行整枝，使每株植株保留 6~7 根侧枝。

1 移植幼苗

将已长出 3~4 片真叶的幼苗进行移植，彼此间隔 15~20cm，注意不要破坏根团。购买市售的幼苗时，需挑选节间短而结实的幼苗。移植后，应将盆栽放置在不会被北风吹到且日照充足的地方。

1 装入用土并预留浇水空间。

2 挖一个稍大于根团的洞。

3 从育苗软盆中取出幼苗，注意不要破坏根团。移植后盖上周围的土，轻轻按压茎底土壤，然后大量浇水。

4 放置在没有寒风且日照充足的地方，即使冬日里土壤干燥，也要等 2~3 天再浇水。

15~20cm

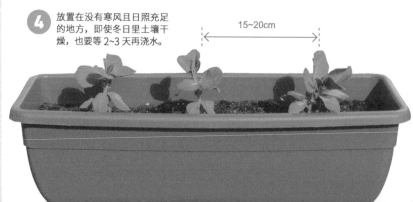

2 立支架

侧枝开始生长后，架设适合使用的灯笼状支架。

入春后植株开始生长，当长出侧枝时就要架设支架，并用绳子固定，防止支架被风吹倒。

》POINT
绑上绳子，将支架固定在长盆上。

3 增土 追肥、整枝、

为了获得充足的光线，待植株长到30~40cm高时，只需保留6~7根粗茎，生长过密的植株则要进行间拔，整枝在2月中旬至下旬植株长到20~30cm高时，以及整枝后都要进行追肥。

① 在2月，沿着盆器边缘给每株植株撒5g化成肥料，并将其轻轻混入土壤。

追肥

② 在开花前剪除发育不良的弱茎，留下6~7根粗茎。

整枝

整枝后给每棵植株撒5g化成肥料，然后添加土壤。

4 摘心

植株的上端即使开花也不会结果，因此，当植株长到60cm以上时，就要剪除植株的前端，阻止其生长，让养分回流到下方的豆荚中。

剪除植株的前端

5 采收

轻压豆荚的突起部分，若其中的豆子较饱满，则需剪下豆荚的根部。

开花后35~40天，就进入了采收期。原本向上生长的豆荚开始向下垂，豆荚的经络变黑时，就到了采收的最佳时期，切勿错过。

35~
40天

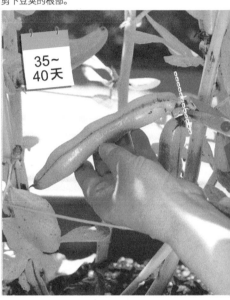

栽培提示 从种子开始栽培的技巧

一般都是秋季播种，以幼苗的状态过冬。由于长出6~7片真叶后，幼苗就变得不耐寒了，因此，适时播种十分重要，切勿过早播种。盆栽很难保持间距，因此最好选择3号育苗软盆，每个盆种1粒种子。

将豆脐朝斜下方插入土壤，使种子的上1/3露出土面。

豆脐

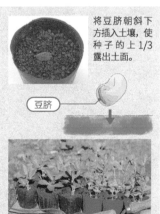

在阳光充足处育苗，直到长出3~4片真叶为止。

辣椒

放置场所 日照充足处

盆器大小 长盆或圆盆

标准　标准

栽培用土 瓜果类蔬菜专用混合土

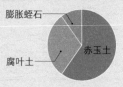

膨胀蛭石
腐叶土
赤玉土

石　　灰：每10L用土约使用10g石灰
化成肥料：每10L用土使用10~30g化
　　　　　成肥料

栽培月历

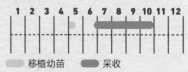

1 2 3 4 5 6 7 8 9 10 11 12

■ 移植幼苗　■ 采收

栽培重点

🌶 由于原产于热带的辣椒偏好高温，因此需
待天气转暖后再开始栽培。

🌶 在夏季，辣椒生长快速，需适度进行间拔、
整枝，确保通风，防止闷热。

🌶 辣椒的生长期较长，且它不耐旱，因此要
防止缺肥或缺水。

虽然也可以进行直播栽培，但育苗过程比较麻烦，因此一般建议购买市售的幼苗。由于辣椒不耐寒，因此，需待气温升高后再进行种植。

1 移植幼苗

1 在盆器底部铺上盆底网后装入用土，并预留浇水空间，再挖一个稍大于根团的洞。

铺上网

2 用指缝夹住幼苗，将其从育苗软盆中取出，注意不要破坏根团。移植后盖上周围的土壤，再轻轻按压。

3 大量浇水。

打"8"字结

4 为了避免幼苗倒塌，需暂立支架，并用绳子将茎部和支架绑在一起。

2 立支架

》POINT

在植株旁架设牢固的支架。

首次开花且侧枝开始生长时，为了避免植株被风吹倒，就要竖直架设1m左右的支架。在牵引时要注意预留空间让植株生长。

用绳子将茎部和支架绑在一起，打"8"字结

3 整枝

将第一朵花下面的侧芽全部剪除。

侧芽

在立支架的同时，剪除第一朵花下面的新芽。

4 追肥

由于辣椒的生长期较长，因此需定期追肥，防止缺肥。

沿着盆器边缘施10g化成肥料，并将其轻轻混入土壤中。之后每月等量施2次肥料。若施液肥，则应每周施1次。

5 采收

等果实变大且饱满时就可以进行采收。移植后1.5~2个月，就可以采收未完全成熟的青辣椒。若想采收红辣椒，则需再过一个月，待果实完全成熟。

未完成熟的青辣椒在夏季中期可陆续进行采收。采收时用剪刀剪蒂头的上方。

可一根一根地采摘变红的辣椒，也可以剪下一整株。

将辣椒放在通风好的地方，充分干燥后进行保存。

番茄

放置场所 日照充足处

盆器大小 长盆或圆盆

大型　　大型深底

栽培用土 瓜果类蔬菜专用混合土

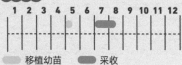
膨胀蛭石
赤玉土
腐叶土

石　　灰：每10L用土约使用10g石灰
化成肥料：每10L用土使用10~30g化成肥料

栽培月历

1　2　3　4　5　6　7　8　9　10　11　12

■ 移植幼苗　　■ 采收

栽培重点

- 务必让第一朵花结果，这样可预防藤蔓生长过密以致无法开花结果的问题。
- 番茄不喜雨水或潮湿的环境，在梅雨季节栽培时则需将盆栽移至不会淋到雨水的地方。
- 只保留一根主枝，所有侧芽需全部切除。
- 由于番茄偏好石灰，若土壤缺乏钙质，容易引发根腐病，需十分注意。

72

1 移植幼苗

直播栽培在育苗时进行温度管理较难，且育苗时间较长，因此，购买市售的幼苗比较方便。若购买的是不带花房的幼苗，最好先在大一些的育苗软盆中种植，等开花后再进行移植。

① 装入用土并预留浇水空间，再挖一个稍大于根团的洞。

② 用指缝夹起幼苗，将其从育苗软盆中取出。

③ 进行浅栽后再轻轻按压茎底土壤。

④ 将支架斜斜地插入土壤，再用绳子将茎部与支架绑在一起。移植后，大量浇水。

暂立支架

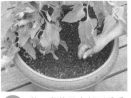

激素处理

第一次开花

番茄多旺

① 待第一段开出2~3朵花后，用番茄多旺等生长调节剂喷洒整个花房，促进结果。

促使第一朵花结果是非常重要的。

② 第一段的果实长到乒乓球大小时，就在植株周围撒10g化成肥料，并将其轻轻混入土壤中，再推向植株。

③ 第三段的果实长到乒乓球大小时，沿着盆器边缘撒10g化成肥料，并在肥料上添加因浇水流失的土壤。

2 立支架、摘除侧芽

移植后2~3周，幼苗长大后，就要架设1.5m左右的主支架。由于植株的茎部会随着植株的生长而不断变粗，因此牵引时要预留生长空间，切勿绑得太紧。此外，为了避免营养分散，需要尽早摘除所有侧芽。

① 待植株牢牢扎根后，垂直插入1.5m左右的支架，并用绳子将支架和茎部绑在一起。

立支架

主支架

打"8"字结

② 保留叶子，用手摘除侧芽。此后，随着幼苗的生长，一看到侧芽就要全部摘除。

摘除侧芽

侧芽

3 激素处理、追肥、增土

第一朵花结果后，营养就会向果实处输送，从而抑制茎叶的生长，有助于促进结果。用番茄多旺等生长调节剂进行激素处理，可以有效促进第一朵花结果。当第一段（第一花房）和第三段（第三花房）的果实开始变大时，就要进行追肥。

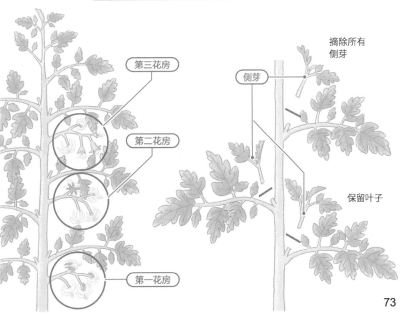

第三花房

第二花房

第一花房

摘除所有侧芽

侧芽

保留叶子

4 摘心

夏季过后，大株品种的番茄生长就会变慢，若主枝的高度超过支架，就要对植株的最上方进行摘心，约从第三或第四花房开始进行摘心。若是盆栽的话，仅保留2~3片叶子。

当植株高度超过支架时，就要摘除前端，阻止其生长，以促进果实生长。

摘除

栽培提示

对茎部进行螺旋状牵引

支架

螺旋状支架

沿着支架做螺旋状牵引

栽培番茄时最麻烦的工序就是牵引了。随着番茄的生长，直接用手将茎部牵引到螺旋状的支架上会比较省事儿。此外，让茎部在支架上进行螺旋状攀爬的"螺旋状栽培法"，比垂直牵引更能促进花房的大量生长。

5 采收

开花后55~60天即可进行采收。等蒂头附近也变红后，就可以在凉爽的早上进行采收。

55~60天

待番茄成熟变红后，就用剪刀从蒂头上直接剪下。

番茄的品种

甜心橘色番茄

一枝能结出许多又小又圆的果实。味美甘甜，口感类似水果。

柠檬番茄

颜色和外形都酷似柠檬的一种水果番茄。个头稍大于小番茄。甜度高，果肉硬实，味道浓厚。

丽夏

味道甘甜、品质上乘的大种番茄。即使成熟变红，果实也不会开裂，因此可等完全熟透后再进行采收。

黄寿

果皮和果肉皆为黄色的大种番茄。单个果实的重量约为270g，果肉独具风味。酸味较少，甜度较高，美味可口。

绿斑马

个头略小的绿色番茄，表面有纹路。果肉中呈果冻状的部分较少，完全成熟后呈黄绿色，带有甜味。

意大利番茄

果实呈心形，单个果实的重量为150~180g。肉质厚实，属于酸味较少的品种，适合生食或做酱。

红矿

酸味适中、甜度高、口感醇厚的中等品种。单个果实的重量为40~50g，一枝能结出8~10个果实。

中等大小，一枝能结出8~12个果实。平均糖度为7~8度，果皮具有弹性，不容易破裂，抗病能力强。

水果番茄

祖卡

果肉厚实，呈果冻状的部分较少，主要用于烹饪。酸味较少，有淡淡的甜味。一枝能结出4~5个果实。

小番茄

放置场所 日照充足处

盆器大小 长盆或圆盆

大型　　大型深底

栽培用土 瓜果类蔬菜专用混合土

膨胀蛭石

赤玉土

腐叶土

石　　　灰：每 10L 用土约使用 10g 石灰

化成肥料：每 10L 用土使用 10~30g 化成肥料

栽培月历

1	2	3	4	5	6	7	8	9	10	11	12

▬ 移植幼苗　　▬ 采收

栽培重点

🍃 由于小番茄不喜雨水或潮湿的环境，因此在梅雨季节栽培时需放置在淋不到雨的地方。

🍃 只需摘除第一花房下方的侧芽，上方的侧芽无须摘除，可任其生长。

🍃 虽然小番茄成串结果，但无须等整串都成熟了再采收，可从已成熟的果实开始依序采收。

🍃 第一朵花盛开后就可以开始定植了。

1 移植幼苗

由于育苗时的温度管理较难，因此，栽培市售的幼苗更不容易失败。需挑选节间短而结实，且已长出花芽的幼苗。待气温完全升高后再进行移植。

① 固定好支架后，装入用土并预留浇水空间。

支架

固定支架

② 在支架旁挖一个稍大于根团的洞。

③ 取出幼苗，注意不要破坏根团。

④ 浅栽即可。轻轻按压土壤。移植后大量浇水。

2 立支架、整枝

栽培小番茄时不像大番茄那样只保留一根主枝，可让其自由生长，因此，移植后的管理作业相对轻松。虽然基本上无须摘除新芽，但为了让果实生长得更好，应摘下第一花房下方的侧芽。此外，若选择带有支架装置的盆器，在架设支架时就会比较方便。

1
由于未摘除侧芽，而是放任枝叶自由生长，植株变得非常凌乱。

2
将向外生长的枝条往中间集中，并用绳子将其固定在支架上。

3
摘下第一花房下方的侧芽，促进结果。

侧芽

3 人工授粉

高楼层的阳台很少有虫子飞来，因此为了促进结果，必须进行人工授粉。和大番茄一样，让第一花房结果是非常重要的。此外，要注意授粉需在开花那天的上午进行。

用棍棒轻轻敲击支架，让花粉四处飞散，进行授粉。

敲击支架

4 追肥

在第一个果实开始变大时就可开始追肥。太早追肥的话，花朵容易掉落，影响结果，需十分注意。

1
在第一个果实开始长大时，施10g化成肥料。

2
将肥料和土壤轻轻混合。之后每3周施1次化成肥料，若施液肥的话，则应每周施1次。

5 采收

开花后 40~45 天就可进行采收。虽然小番茄成串结果，但若等所有果实都变红之后再采收的话，那么较早成熟的果实就会裂开，因此应从成熟的果实开始依序采收。

40~ 45天

带头附近变红后，就可用剪刀进行采收。

小番茄的品种

试着种种看

草莓番茄

味道似水果，形状似爱心，是适合盆栽的改良品种。果肉较厚，果皮不易破裂。

卡罗树

植株呈树形，分段结满果实，不易生病，适合盆栽。味甜，类似水果。

易结果，且果实甘甜美味，是抗病能力强的极早生品种，有黄色卡罗和卡罗 7 号等品种。

小卡罗番茄

成熟后呈巧克力色，一般用于料理，味甜。在等待其成熟的过程中，可观赏其颜色的变化。

巧克力番茄

爱子番茄

形状类似西梅，酸味少，甜度高，汁水多。易结果，裂果少，不易生病。

黄色爱子

呈柠檬黄色，形状类似西梅，具有水果般的清爽口感，易栽培。

茄子

放置场所 日照充足处

盆器大小 长盆或圆盆

大型	大型

栽培用土 瓜果类蔬菜专用混合土

膨胀蛭石

腐叶土

赤玉土

石　　灰：每10L 用土约使用 10g 石灰
化成肥料：每10L 用土使用 10~30g 化
成肥料

栽培月历

1 2 3 4 5 6 7 8 9 10 11 12

移植幼苗　　采收

栽培重点

- 好高温但不耐旱，因此进行盆栽时要防止缺水。

- 盛夏时为了预防土壤干燥，最好铺上稻草。

- 开始采收后如果缺肥，则不易结果，因此要适时追肥。

- 待气温完全升高后再进行移植。

1 移植幼苗

由于育苗较难，因此购买市售的幼苗进行栽培会比较方便。

选择没有徒长问题且苗壮生长的幼苗，种在10号盆里，一盆种一株。种太深的话会减缓植株扎根的速度，因此浅栽即可。嫁接幼苗时应注意切勿将其埋在土中。

① 装入用土并预留浇水空间，然后在盆器中央挖一个稍大于根团的洞。

洞

② 用指缝夹住幼苗，将其从育苗软盆中取出，注意不要破坏根团。把幼苗放入挖好的洞中，盖上周围的土壤，注意不要将子叶埋入土里。移植后轻压茎底土壤。

暂立支架

③ 为了防止幼苗倒塌，将支架斜斜地插入土中，并用绳子将茎部和支架绑在一起。

④ 大量浇水。

4 追肥

幼苗移植后1个月左右，第一朵花结的果实开始长大，此时就应进行追肥。由于接下来植株会不断结果，为了不给植株造成负担，必须定期追肥。此外，由于茄子不耐旱，因此要勤浇水。

1 在第一个果实开始生长时，沿着盆器边缘撒10g化成肥料，再将其轻轻混入土壤中。之后每3周施1次肥。若施液肥，则应每10天施1次。

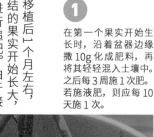

2 由于土壤会随着浇水而流失，因此若发现植株根部露出土壤表面，就要在其上添加新土。

3 定期浇水，以免土壤表面干燥。

由于茄子不耐旱，因此最好铺上稻草，预防土壤干燥。

2 整枝、摘除侧芽

在第一朵花开放前后，幼苗会快速生长，此时就要进行整枝。一般情况下采取三干整枝法，即留下主枝和第一朵花下方的2根侧芽，全部摘除其余侧芽。但若植株的生长空间较小，为了保持良好的通风条件，也可以采取双干整枝法，即只保留主枝和第一朵花下方的1根侧芽。

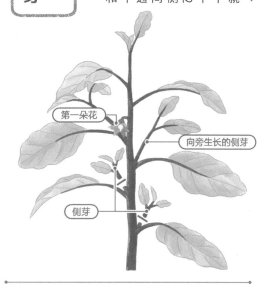

第一朵花

向旁生长的侧芽

侧芽

3 立支架

第一朵花开后就要立支架了。为了让植株更好地生长，即使结果也不会倒塌，就必须架设牢固的支架，并用绳子将植株各处与支架绑在一起。

支架

5 采收

长大时就可以进行采收。长，在第一个果实还没有长实。为了使植株茁壮成早采收未完全成熟的果减轻植株负担，也可以提可以开始采收了，但为了开花后 20~25 天就

为了促进植株生长，当第一个果实长到 7~8cm 时就可以摘除。

第一个果实

7~8cm

20~ 25天

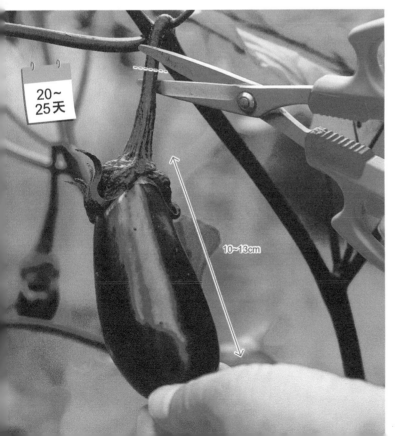

10~13cm

更新修剪

即使过了夏季采收高峰，若植株状态好的话，也可在 7 月下旬进行更新剪定，让植株好好休息，以便秋季再次采收。

在长有 1~2 片叶子且生长状况良好的芽苗上方进行剪切。

沿着盆器边缘插入移植铲，切断老根，这样一来，植株就会长出新根，恢复活力。

沿着盆器边缘撒 10g 化成肥料。

在肥料上方补充因浇水流失的土壤。

更新剪定后 1 个月左右，植株就会再次开花、结果。

味紫

会津丸茄

日本会津县的传统蔬菜，呈钱袋状。果皮为深紫色，肉质细软，适合腌制、烤制和炖煮等多种烹调方式。

长25~30cm，呈细长形，果皮呈鲜艳的紫色，产量高。果肉纯白密实，加热后会变得十分软嫩。

水茄

颜色鲜艳，呈长圆状卵形，产量高。味美甘甜，果皮和果肉都十分软嫩。灰汁较少，富含水分，适合腌制。

庄屋大长

长35~40cm，果皮柔软，果肉黏糯，适合烤制。耐暑热，产量高，易栽培。

花纹茄

呈长圆状卵形，单果重200g左右，果皮有光泽，呈深紫色，并长有漂亮的纹路。

白茄

系东南亚品种，不含一种名为茄色苷的紫色素。果皮稍硬，果肉柔软，适合炖煮等加热烹调方式。此外也有细长型的品种。

米茄

日本对美国的品种进行改良后所得的大型品种。萼片呈绿色，果大、果肉密实，籽儿少，适合炒制和烤制。

万寿万

萼片和果皮不含花青素，呈清新的绿色。果肉密实，灰汁较少，适合做沙拉和炖煮。

长冈钱袋茄

产于日本新潟县，外观类似圆形的钱袋。果实小，黑紫色的表皮上有浅色的细纹。肉质硬实，不易煮烂。

青椒／甜椒

放置场所 日照充足处

盆器大小 长盆或圆盆

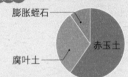
大型　大型

栽培用土 瓜果类蔬菜专用混合土

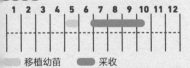
膨胀蛭石
腐叶土
赤玉土

石　灰：每10L 用土约使用 10g 石灰

化成肥料：每10L 用土使用 10~30g 化成肥料

栽培月历

1	2	3	4	5	6	7	8	9	10	11	12

移植幼苗　　采收

栽培重点

- 由于青椒适合在高温中生长，因此，等气温完全升高，植株开出第一朵花时再进行移植。
- 将青椒放置在日照充足的地方，并且在其生长期间需留意缺肥问题。
- 在梅雨季节栽培时，若植株被雨淋湿，花朵容易掉落，因此，需将其移至屋檐下，避免其被雨淋到。

1 移植幼苗

由于育苗时间较长，且较难培育出好的幼苗，因此建议购买市售的幼苗进行栽培。挑选已经长出 10 片左右真叶、整体发育良好、茎粗，且已开出第一朵花的幼苗，等气温完全升高后再进行移植。

1 装入用土并预留浇水空间，挖 2 个稍大于根团的洞，且保持20cm 以上的间距。

2 用指缝夹住幼苗，取出幼苗，注意不要破坏根团。浅栽后轻轻按压茎底土壤。

3 大量浇水。

20cm 以上

2 立支架

1 垂直插入一根支架，在其两旁分别再斜插2根支架支撑分枝。用绳子在3根支架的交叉处紧紧打结。

用绳子打结

移植后2~3周，待稳稳扎根的植株变大后，分别架设3根支架进行支撑，以防第一个果实上方的2根分枝被果实压断或植株被风吹倒。用绳子在支架交叉处绕数圈后打结以固定支架。

《POINT
不要将绳子的结打在茎上，而要打在支架上。

第一个果实

2 将第一个果实上方的2根分枝分别用绳子固定在两侧的2根支架上。

3 摘除侧芽

趁第一个果实下长出的侧芽还没长大就将其全部摘除。

摘除

由于盆器的空间有限，因此仅保留3~4根侧芽，其余侧芽都应尽早摘除。

4 追肥

开始结果后，沿盆器边缘给每株植株施10g化成肥料，并将其轻轻混入土壤中。

结出第一个果实后就要开始追肥。每月施2次化成肥料，若施液肥，则应每周施1次。结果期间要防止缺肥。

《POINT
也可以一边浇水一边施液肥（1周1次左右）

5 采收

虽然开花后15~20天后即可开始采收，但要趁早采收第一个果实。

当果实长到6~7cm时，为了减轻植株负担，要尽早进行采收。

15~20天

第一个果实

第一个果实要尽早采收，以促进植株的生长。

待果实长到6~7cm后，就要用剪刀剪下蒂头。

6~7cm

栽培提示

适合盆栽的迷你甜椒

在匈牙利语中，甜椒是辣椒的意思，但日本则将这种肉厚的大果品种称为"甜椒"或"彩椒"，以与青椒区别开来。甜椒的栽培有些麻烦，开花后还需等待60天，果实才会完全成熟，从绿色变为彩色。迷你甜椒更容易栽培，不仅可以结出大量的果实，而且很适合盆栽，其种植方法与青椒差不多。

用大盆栽培的甜椒

混栽的3种迷你甜椒

迷你甜椒（咖啡色系）

迷你甜椒（红色系）

迷你甜椒（橙色系）

苦瓜

放置场所 日照充足处

盆器大小 长盆或圆盆

大型　　大型

栽培用土 瓜果类蔬菜专用混合土

膨胀蛭石

赤玉土

腐叶土

石　　灰：每 10L 用土约使用 10g 石灰
化成肥料：每 10L 用土使用 10~30g 化
成肥料

栽培月历

1	2	3	4	5	6	7	8	9	10	11	12

🟩 移植幼苗　　⬛ 采收

栽培重点

🍃 若要修整成"绿色窗帘"状，就必须架设
牢固的网。

🍃 苦瓜原产于热带，天气越热，其生长得越
好，因此需定期追肥。

🍃 在 10 号圆盆里可以栽培 1 株，若是大型
长盆，则可以栽培 2 株。

🍃 由于阳台很少有昆虫飞来，因此必须进行
人工授粉，以促进结果。

1 移植幼苗

就可以直接播种，但若想要早点儿获得收成的话，则购买市售的幼苗会比较方便。待幼苗长出 3~4 片真叶后，趁藤蔓还没有长出来，就进行浅栽。

若气温完全升高，

① 装入用土并预留浇水空间。挖 2 个稍大于根团的洞，使植株保持 40cm 以上的间距。

40cm 以上

② 从育苗软盆中取出幼苗，注意不要破坏根团，进行浅栽后轻轻按压茎底土壤。移植后需大量浇水。

用土

根团

移植时，根团上表面
要与土壤表面齐平。

栽培提示 架网时间

天气越热，藤蔓生长得就越快，叶子也会越茂密，这是苦瓜的生长特征。当藤蔓开始生长时，就要在盆栽上架设园艺用的网。如果使用带有网架的盆器，则无须单独架网，就能轻松获得"绿色窗帘"。

2 牵引、摘心

若将盆栽放在阳台，当藤蔓开始生长后，就要架网进行牵引，进而形成能够遮挡直射阳光的『绿色窗帘』。为了促进结果的子蔓顺利生长，要摘除母蔓的前端。

1 移植后2周左右，保留7片真叶，摘除母蔓的前端。

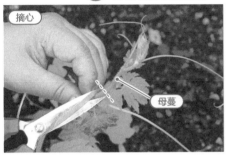

摘心

母蔓

2 将开始生长的藤蔓牵引到网架上，之后它就会自己向上攀爬。

牵引

3 摘除因过于密集而下垂的侧芽。

摘心

3 追肥

待最早长出的果实开始变大后，就要定期追肥。由于生长旺盛的苦瓜采收期较长，因此，需每2周施1次化成肥料。若施液肥，则应每周施1次。同时，还要勤浇水。

当最早长出的果实变大后，就要沿盆器边缘施10g化成肥料，并将其轻轻混入土壤中。若土壤有所流失，则必须进行增土。

若为中长品种，则当果实长到20cm时就要进行采收。采收时可用剪刀将蒂头剪下。

4 采收

开花后20天左右即可开始采收。果实成熟后会变成黄色，并且还会裂开，因此，应趁着果实还是嫩绿色时进行采收。

20天左右

20cm

哈密瓜

放置场所 日照充足处

放置场所 日照充足处

盆器大小 长盆或圆盆

大型　　大型

栽培用土 瓜果类蔬菜专用混合土

膨胀蛭石

赤玉土

腐叶土

石　　　灰：每 10L 用土约使用 10g 石灰
化成肥料：每 10L 用土使用 10~30g 化
成肥料

栽培月历

1 2 3 4 5 6 7 8 9 10 11 12

■ 移植幼苗　　■ 采收

栽培重点

🌿 由于哈密瓜必须进行人工授粉，因此要多
　种几株，以确保雌花和雄花的花期重叠。

🌿 哈密瓜盆栽需放置在日照充足、没有强风
　的地方。由于哈密瓜不喜潮湿的环境，因
　此，在梅雨季节栽培时，应将其移到不会
　淋到雨的地方。

🌿 由于藤蔓会不断长长，因此需架设支架。

---

1 移植幼苗

由于哈密瓜偏好高温，因此，需等天气完全变暖之后再进行移植。由于育苗需要花费较长时间，因此，使用市售的幼苗会比较方便。选择已长有 4~5 片真叶，且没有病虫害的幼苗进行浅栽。注意不要破坏根团。

1 装入用土，并预留浇水空间，挖一个稍大于根团的洞。

2 用指缝夹住幼苗，将其从育苗软盆中取出，注意不要破坏根团。

3 进行浅栽，然后轻轻按压茎底土壤。

4 大量浇水。

---

2 立支架

栽培哈密瓜等藤蔓类作物时，当藤蔓开始生长时，就要立支架。但若使用市售的灯笼状支架，则在移植后就要马上立支架并进行牵引，注意不要伤到藤蔓。如此一来，之后的作业就会比较轻松。

---

3 摘心

待长出 5 片真叶后，就要对母蔓进行摘心，以培养 2 根健壮的子蔓。子蔓第六至十二节上会长出孙蔓，孙蔓上会长出雌花。

1 对长出 5 片真叶的母蔓前端进行摘心，以促进子蔓的生长。

2 待子蔓长出 15~20 片叶子后就要进行摘心，以促进孙蔓的生长。

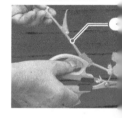

3 待孙蔓结果后，仅保留 2 片叶子，并进行摘心。

孙蔓

4 人工授粉

1 摘取雄花，拔掉花瓣。

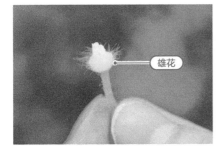

雄花

2 将雄花的花粉抹在雌花的花柱上。

雌花

≫POINT

挂上标注好授粉日期的标签。

5 追肥、增土

分2次追肥，第一次是在开始结果时，第二次是在果实开始生长时。视植株的生长情况施加化成肥料。若施液肥，则在结果7~10天后施1次即可。但是，无论施哪种肥料，授粉后都要先确认结果，再进行追肥。

1 沿盆器边缘撒10g化成肥料，并在肥料上补充因浇水流失的土壤。

第一次追肥

增土

2 待果实开始生长时，施与第一次等量的化成肥料，并将其轻轻混入土壤中。

第二次追肥

6 采收

授粉后30~40天即可进行采收。王子哈密瓜（prince melon）成熟后，果实会从绿色变成黄白色。待果实附近的叶子枯萎，果实开始散发香气，就可以用剪刀将蒂头剪下。

30~40天

花生

1 播种、管理

确定没有霜冻后就可以进行播种了。待植株长出花蕾后就可进行追肥，为了让花生的子房柄顺利生长，必须进行松土。

1 挖 2 个 1cm 深的洞，彼此间隔 15~20cm，然后分别在洞内撒 3 粒种子。在表面覆盖 3cm 左右厚的土壤，充分浇水。

播种

15~20cm

2 待长出 4~5 片真叶后，仅保留一株植株。

间拔

3 快开花时，给每株植株施 5g 化成肥料。开花后，为了让子房柄顺利潜入土壤，必须进行松土。若子房柄长到盆栽外侧，则要小心将其移回盆栽内侧。

追肥

子房柄

将子房柄移回盆栽内侧

2 采收

5个月左右

下叶开始变黄后，抓住植株茎底，用力将其拔出。

播种后 5 个月左右，叶片开始变黄，就到了采收的最佳时期。霜降前将整株植株拔起并进行干燥处理，之后再取下果实。

将果实部分朝上，对整株植株进行干燥处理。

放置场所 日照充足处

盆器大小 长盆或圆盆

大型　　大型

栽培用土 瓜果类蔬菜专用混合土

膨胀蛭石

赤玉土

腐叶土

石　　灰：每 10L 用土约使用 10g 石灰
化成肥料：每 10L 用土使用 10~30g 化成肥料

栽培月历

1 2 3 4 5 6 7 8 9 10 11 12

播种　　采收

栽培重点

🍃 确定没有霜冻后再进行播种。

🍃 为了让花生的子房柄顺利生长，需要在种植过程中适度松土，或进行增土。

🍃 缺钙会导致花生的果实不饱满。调配用土时，必须混入适量石灰。

第 3 章

蔬果盆栽之
叶菜类

明日叶

放置场所 日照充足处或半日阴处

盆器大小 长盆或圆盆

大型　　大型

栽培用土 叶菜类蔬菜专用混合土

膨胀蛭石

腐叶土

赤玉土

石　　灰：每 10L 用土使用10~20g
　　　　　石灰
化成肥料：每 10L 用土使用10~20g
　　　　　化成肥料

栽培月历

1	2	3	4	5	6	7	8	9	10	11	12

2 年以下

▢ 移植幼苗　　■ 采收

栽培重点

🌱 明日叶偏好温暖的气候，但若气温超过25℃，其生长就会变得缓慢，因此夏季应避免日晒。

🌱 第一年植株长得不茂密时，不能急于采收，应将重点放在培育植株上。

🌱 虽然遇到霜降时，地面上的植株会枯萎，但第二年仍会重新长出新叶。冬天可用堆肥等覆盖植株。

🌱 要尽早切除花茎。

---

1 移植幼苗

再移到 10 号盆中进行定植。

苗深深植入土中，注意不要破坏根团。待其长大后，苗进行栽培会比较方便。将长出 4~5 片真叶的幼虽然也可以进行直播栽培，但购买市售的幼

1 在盆底铺上盆底石，装入培养土，预留浇水空间。

2 挖一个稍大于根团的洞。

---

2 摘除枯叶

作用的枯叶则要进行摘除。出新叶。对不能进行光合盛，会从植株中心不断长明日叶的生长较旺

植株枯萎的外叶已不能进行光合作用。

枯叶　　枯叶

枯叶

摘除枯叶，使植株保持活力。

③ 从育苗软盆中取出幼苗，注意不要破坏根团。

④ 将幼苗放入盆器，盖上周围的土壤，然后轻轻按压茎底土壤。

⑤ 移植后大量浇水。

4 采收

待叶子全部长出再进行采收的话，就太迟了。此时叶子会变硬，无法食用。因此要从根部将鲜艳柔软的新叶摘除，进行采收。

通常保留 3~4 片成叶，摘除颜色鲜艳的新叶。

3 追肥、增土

为了获得柔软的新叶，必须定期进行追肥。但 7—8 月为休眠期，无须追肥。此外，若土壤变少，则要进行增土。

① 追肥
移植后 1 个月左右，每月施 1 次肥，施肥时在植株的周围撒 10g 化成肥料。

②
采收过程中也要施化成肥料。

③ 增土
施肥后进行增土。

> 遇到这种情况该怎么办？
>
> **金凤蝶的幼虫**

在植株生长过程中经常会发现金凤蝶的幼虫，一旦发现就必须马上进行捕杀，或者提前架设防虫网进行预防。

浅葱

放置场所 **日照充足处**

盆器大小 **长盆或圆盆**

标准	标准

栽培用土 **叶菜类蔬菜专用混合土**

膨胀蛭石
腐叶土
赤玉土

石　灰：每 10L 用土使用 10~20g 石灰
化成肥料：每 10L 用土使用 10~20g 化成肥料

栽培月历

| 1 | 2 | 3 | 4 | 5 | 6 | 7 | 8 | 9 | 10 | 11 | 12 |

▬ 移植种球　▬ 采收

栽培重点

🍃 种一次可以存活 2~3 年，也非常适合放置在阳台上。

🍃 由于浅葱不耐旱，因此待盆栽里的土壤表面变干后就要大量浇水。但由于浅葱不喜潮湿，因此必须在浇水或淋雨后利用盆器旁的排水口排出多余的水分。

1 移植种球

8 月下旬市面上就开始销售种球（球根）了，可直接购买来进行栽培。要挑选没有发霉，且根部没有坏损的种球。

由于气温开始下降后种球就会开始发芽，因此要趁着种球还没有发芽就进行栽培。

若栽培时种球已经发芽，则应让长出的新芽露在土面外。

1 在盆器中装入土壤至大约七分满，每隔 5~10cm 插入 2 粒种球，并排种植。

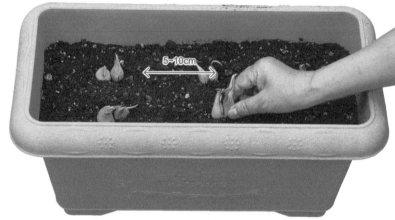

5~10cm

2 由于此处使用的种球已经发芽，因此覆盖土壤时要确保新芽露在土面外。

《POINT
注意不要进行深植！

3 大量浇水。

94

2 追肥

移植后10天左右，幼芽就会开始生长，待长到5~6cm则需进行追肥；或者每隔1周施1次液肥，也可起到同样的效果。此外，每次采收后施液肥可帮助植株恢复活力。

1 待幼芽长到5~6cm，在盆器各处撒10g化成肥料。

2 用指尖将肥料轻轻混入土壤中。

3 采收

待植株长到20~30cm时即可采收。虽然地面上的部分会在开花后的夏季和冬季枯萎，进入休眠期，但一年可在秋季和春季采收2次。采收时，虽然也可以直接将植株拔起，但由于是盆栽，只需剪去地面上的部分就可以长时间体验采收的乐趣了。

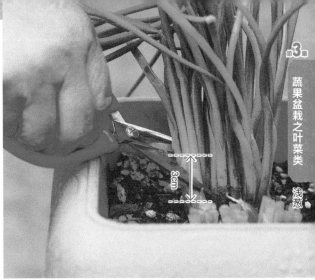

趁叶子还鲜嫩时，在距离茎底3cm的地方剪下植株。

施肥

采收后需施液肥，待叶子再次生长后再进行采收。

栽培提示 鳞茎的采收

鳞茎通常在春天进行采收，并且要先软化土壤，才能收获美味的鳞茎。待2月上旬至中旬长出新芽后，在其上面覆盖土壤并进行软化。待覆盖的土壤表面长出叶尖，就可以挖掘采收了。把根切掉后就可以直接蘸味噌食用，也可以焯水后凉拌食用，品尝早春的美味。若只采收叶子，则无须软化土壤，直接栽培即可。

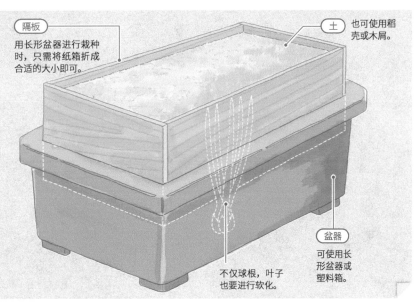

隔板 用长形盆器进行栽种时，只需将纸箱折成合适的大小即可。

土 也可使用稻壳或木屑。

盆器 可使用长形盆器或塑料箱。

不仅球根，叶子也要进行软化。

冰菜

放置场所 日照充足处

盆器大小 长盆或圆盆

大型　　大型

栽培用土 叶菜类蔬菜专用混合土

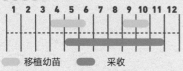

膨胀蛭石

腐叶土

赤玉土

石　　灰：每 10L 用土使用10~20g
　　　　　石灰

化成肥料：每 10L 用土使用10~20g
　　　　　化成肥料

栽培月历

1	2	3	4	5	6	7	8	9	10	11	12

移植幼苗　　采收

栽培重点

🍃 冰菜是一种叶片略带咸味的多肉植物。

🍃 冬季只需放在 5℃以上的室内，则每年都可以采收。但是，由于花开后植株就会枯萎，因此必须摘除花芽。

🍃 为了增加咸味，每 2 周就要浇1次浓度为1%~2%的盐水。在 1L 的水里加 1 大匙盐，就变成浓度为 1%~2% 的盐水了。

1 管理 移植幼苗、

移植时期。春季和秋季是冰菜的最佳移植时期。由于叶片较柔软，因此在移植时要十分小心。移植后 2 周左右开始追肥。此外，植株生长变旺盛后，则需浇浓度为 1%~2% 的盐水。

① 为了增强排水性，并减轻盆器的重量，可将泡沫颗粒装在网里，再放入盆底。在盆器里装入用土，并预留 2~3cm 高的浇水空间。

移植

2~3cm

② 为了不弄伤柔软的叶片，小心地从育苗软盆中取出幼苗，再将其放进稍大于根团的洞里，盖上周围的土壤，并用手轻轻按压，防止植株倒塌。

浇水时先让水流过手掌。

》POINT
避免水压过大导致泥土飞溅到叶片上。

追肥　　盐水

每 2 周施 1 次肥，施肥时将 3~5g 化成肥料撒在植株周围。浇水时用盐水代替清水。

《POINT
浇一点儿淡盐水，可以收获略带咸味的叶片。

2 采收

用剪刀将叶片根部剪下。叶片剪下后还会长出侧芽，可促进下次采收。

1 个月

番杏菜

放置场所 日照充足处

盆器大小 长盆

【小型】

栽培用土 叶菜类蔬菜专用混合土

膨胀蛭石
赤玉土
腐叶土

石　灰：每 10L 用土使用 10~20g 石灰
化成肥料：每 10L 用土使用 10~20g 化成肥料

栽培月历

1	2	3	4	5	6	7	8	9	10	11	12

■ 移植幼苗　　■ 采收

栽培重点

- 番杏菜是生长在海滨沙滩上的海滨植物，从日本江户时代起就作为蔬菜进行栽培，易发芽，因此很适合初学者栽培。
- 番杏菜虽然耐旱，但若缺水或缺肥，叶片会变硬，需要十分小心。
- 若冬季不会结霜，也可以在冬季栽培，并且很适合在阳台栽培。

1 移植幼苗、管理

播种后要过 15 天以上才会发芽，因此，购买市售的幼苗栽培会比较简单。为了防止叶片变硬，每隔 20 天就要追肥 1 次。

截短至 4~5 节处

1 装入用土，并预留浇水空间。移植大苗时可截短至 4~5 节处，以促进侧芽的生长。

移植

追肥

10cm

2 移植时，植株的间距至少保持为 10cm，种完后轻压茎底土壤，并大量浇水。

3 当冒出侧芽，开始生长时，撒 5g 化成肥料，并将其混入土壤中。

2 采收

待植株长到 15cm 左右就可以采收了。由于摘除嫩芽后植株还会不断长出侧芽，因此可以一直采收到秋季左右。

截短

1 用剪刀剪下距离茎前端 10cm 左右的鲜嫩处。

2 若植株生长杂乱，叶片变硬，可将其截短一半。

施肥

3 施液肥后，还会不断长出鲜嫩的新芽，可长时间进行采收。

97

芦笋

1 移植植株

① 装入大粒赤玉土，盖住整个盆底。

根

② 装入用土至距离盆器顶部10cm左右。将整个根部平铺开来，使根部中心的幼苗位于盆栽中央。

»POINT
平铺时要注意不要伤到根部。

③ 在根部的芽上覆盖4~5cm厚的用土。

④ 为了防止土壤变干，可覆盖稻草，大量浇水。待春天无霜冻后，再移除稻草。

稻草

放置场所 日照充足处

盆器大小 圆盆

大型深底

栽培用土 叶菜类蔬菜专用混合土

膨胀蛭石
腐叶土
赤玉土

石　灰：每10L用土使用10~20g石灰
化成肥料：每10L用土使用10~20g化成肥料

栽培月历

1 2 3 4 5 6 7 8 9 10 11 12

（第二年）

 移植幼苗　 采收

栽培重点

🍃 芦笋偏好凉爽的气候，耐旱耐寒，不易遭受病虫害，容易栽培。

🍃 芦笋也可作为观赏植物进行栽培。种植后，第一年先专心将植株养大，第二年再进行采收。

🍃 由于芦笋不耐酸，因此，必须事先调整用土的酸碱度。

98

2 立支架、除草

第一年不要采收，应尽量让植株长大。由于芦笋生长时容易倒塌，因此需尽早立支架固定茎部。

≫POINT

趁早除掉杂草。

立支架以免茎部倒塌。

3 追肥

生长期和冬季都要进行追肥。每年采收幼茎后，为了让茎叶生长得更旺盛，储备来年的养分，需多施一些肥。

1 6—8月每月施1次肥，沿着盆器边缘撒10g化成肥料。

2 将肥料与土轻轻混合。

3 2—3月，撒5g化成肥料，促进发芽。

4 土面以上部分的整理

若植株的土面以上部分枯萎，就要从根部进行切除，除掉杂草后再用堆肥或稻壳覆盖土壤表面，就可以使其免受寒风吹袭。

1 若茎叶枯萎，就要从根部进行切除，除草后还要将盆器内清理干净。

稻壳

2 用稻壳覆盖土壤表面，使植株免受风寒。

5 采收

从第二年开始就可以采收。待幼茎长到20cm左右，就要趁穗尖变得密实之前进行采收。虽然4—6月上旬是采收期，但采收过度的话，植株就会衰弱。因此，细长的芦笋和6月中旬以后才长出的芦笋不要进行采收，应让其继续生长，以储存来年所需的养分。

待幼茎长到20cm左右，就要从靠近土壤表面的地方剪下进行采收。

火葱

放置场所 日照充足处

盆器大小 长盆

标准

栽培用土 叶菜类蔬菜专用混合土

膨胀蛭石
腐叶土
赤玉土

石　　灰：每10L用土使用10~20g石灰

化成肥料：每10L用土使用10~20g化成肥料

栽培月历

1 2 3 4 5 6 7 8 9 10 11 12

　　移植种球　　　采收

栽培重点

🍃 为了防止种球腐烂，要使用排水性好的土壤。

🍃 将嫩养头切下作为火葱种子使用，也可以购买专用的种球。

🍃 收获前1~2个月，充分覆盖土壤，并进行软化，可以获得好的收成。

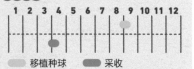

1 移植种球

每年购入新的种球，并挑选大的尽早栽种，以获得好的收成。种球的间距需保持在8~10cm，种植时需使种球稍微露出尖端。

1 装入用土至大约七分满，预留浇水空间和之后的覆土空间。

8~10cm

2 并排种植种球，使排距为10cm，两颗种球的间距为8~10cm，且种球尖端朝上。

3 若种球已经冒出了芽，在覆盖土壤时则要注意切勿将芽盖住。

4 大量浇水。

2 追肥、增土

为了使球根饱满，需进行追肥和增土。增加茎底的白色部分，就要大量增土并进行软化。采收前一两个月开始，需进行追肥和增土。采收时白色的鲜嫩部分就会更多。这样一来，

1 发芽时在盆器各处撒 10g 化成肥料。

第一次追肥

2 轻轻将肥料混入土壤中，并推向植株。

3 10月中旬，植株长到 10cm 以上，就要施 10g 化成肥料，并将肥料轻轻混入土壤中。

第二次追肥

☙POINT

增土，软化鳞茎和叶片的根部。

4 从10月中旬追肥后到采收前，需多次增土，并进行软化。

增土

3 采收

移植种球后到第二年3月下旬至4月中旬，叶片变软时就可以采收了。由于火葱通常与味噌等一起直接生食，因此应趁着可食用的鳞茎还鲜嫩时就进行采收。鳞茎晒太阳后会变得又绿又硬，味道也会变差。

用移植铲挖出所需的部分，抓住叶片后将其拔出。

要对挖出来的部分增土。

火葱和青葱的区别

经常有人把火葱和青葱弄混，火葱其实是嫩荞头，与荞头为同一种东西。据说之所以叫作火葱，是为了强调要趁着鲜嫩生食。而青葱则与洋葱同属一科。

青葱的鳞茎

青葱

花椰菜

放置场所 日照充足处

盆器大小 长盆或圆盆

标准　标准

栽培用土 叶菜类蔬菜专用混合土

膨胀蛭石
腐叶土
赤玉土

石　　灰 每10L用土使用10~20g
石灰

化成肥料 每10L用土使用10~20g
化成肥料

栽培月历

| 1 | 2 | 3 | 4 | 5 | 6 | 7 | 8 | 9 | 10 | 11 | 12 |

移植幼苗　采收

栽培重点

🌱 由于花椰菜偏好凉爽的气候，因此建议在春季和秋季进行栽培。

🌱 若进行盆栽，则需进行密植。长到手掌般大小即可采收的"美星"品种较易栽培。

🌱 为了促进发芽，要将植株培养到结出花球为止。

1 移植幼苗

虽然花椰菜可以通过直播进行栽培，但若想在盆器中多栽培几株的话，则购入市售的幼苗会比较节省时间，且比较简单。可将长出4~5片真叶的幼苗进行浅栽。

1 装入土壤至距离盆器顶部2~3cm，以预留浇水空间。

2 每隔20~25cm挖1个稍大于根团的洞。

20~25cm

3 从育苗软盆中取出幼苗，注意不要破坏根团。移植后盖上周围的土壤，然后用手轻轻按压。

☆POINT

不要破坏根团，只需让子叶露出地面，进行浅栽。

4 大量浇水。

5 移植完并采取防虫措施后就架设拱形支架。

支架

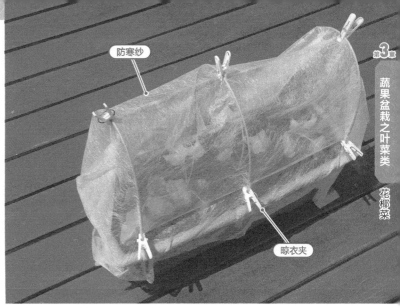

防寒纱

晾衣夹

6 在支架上罩上防寒纱，并用晾衣夹进行固定，防止害虫进入。

---

2 追肥

1 移植后过了3周，给每株植株施3g左右化成肥料，将其轻轻混入土壤中，并推向植株。

第一次追肥

缺肥和缺水是大忌，但由于长到手掌般大小即可采收，因此在移植后的第三周和第六周各施1次肥就够了。

2 第一次追肥后过3周，进行第二次追肥，所施肥量与第一次相同，也要将其轻轻混入土壤中。

第二次追肥

---

3 用外叶包裹花球

花球晒到太阳就会变黄，因此，当植株中花球长到直径为5cm左右时，就要用外叶包裹进行遮光，以保护花球。这样做不仅可以避免阳光直射，还可以起到防尘的作用，最终收获鲜白的高品质花球。

1 可以在植株中看到白色的花球。

花球

❯ POINT
用外叶包裹，就可以收获白色的花球。

2 用外叶向上包裹花球，并用绳子固定。

4 采收

花球长到直径为 10cm 左右即可采收。

花球表面变硬且较光滑时是最佳采收期。

若采收太晚，花球会出现裂隙，因此，应在最佳采收期内进行采收。

当花球变硬时，需趁其还未出现裂隙就用小刀切花球的底部。

花椰菜的品种

试着种种看

紫罗兰花椰菜

虽然花球呈紫色，但煮熟之后就会变成明亮的鲜绿色，既好看又好吃。

橘色花椰菜

花球表面为橙色，中间呈淡黄色，即使煮熟也不会变色，美味可口。

雪冠花椰菜

花球可长到直径为 16cm 的大型早生种花椰菜。花球纯白、厚实、紧密。

宝塔花椰菜

亦称为"珊瑚礁"或"斐波那契"，拥有美丽独特的几何形状，有时候也会出现在花店中。其特征是甜度高、无苦味。

沙拉芥菜

放置场所 日照充足处

盆器大小 长盆或圆盆

`标准` `标准`

栽培用土 叶菜类蔬菜专用混合土

膨胀蛭石
腐叶土
赤玉土

石　　灰：每 10L 用土使用10~20g
石灰

化成肥料：每 10L 用土使用10~20g
化成肥料

栽培月历

1　2　3　4　5　6　7　8　9　10　11　12

▮ 播种　　▮ 采收

栽培重点

嫩叶期就要进行采收，虽然它不用施肥也能生长，但用施液肥代替浇水，会使植株生长得更好。

从发芽后到子叶展开前，要防止土壤干。

在室内栽培时，当发现植株长得像豆芽一样，就要时常将其拿到室外进行通风。

1 播种、管理

在盆器各处进行播种，注意防止种子重叠。需时刻进行管理，避免土壤在种子发芽前变干。此外，还要一边间拔一边栽培。

播种

1 在盆底铺设盆底网，装入土壤，预留浇水空间，并在盆器各处撒上种子。

2 用筛网将土壤过筛，使土壤稍微盖住种子即可。

3 按压土壤表面，使种子和土壤紧密贴合后再大量浇水。

间拔

追肥

4 从长出真叶的植株开始依序进行间拔，直至能看到土面为止，如此一来，就能使植株晒到太阳。间拔后要利用液肥进行追肥，促进新叶的生长。

2 采收

播种后25~30天，一边间拔一边栽培，可以促进植株更好地生长。

待植株长到 6~7cm 后就可以采收了。

`25~30天`

就可采收。一边间拔一边栽培，可以促进植株更好地生长。

卷心菜

放置场所 日照充足处

放置场所 日照充足处

盆器大小 长盆或圆盆

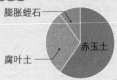

大型　　大型

栽培用土 叶菜类蔬菜专用混合土

膨胀蛭石

赤玉土

腐叶土

石　　灰　每10L用土使用10~20g
　　　　　石灰

化成肥料　每10L用土使用10~20g
　　　　　化成肥料

栽培月历

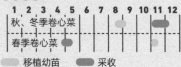

　1 2 3 4 5 6 7 8 9 10 11 12
秋、冬季卷心菜
春季卷心菜
　移植幼苗　　采收

栽培重点

🍃 卷心菜容易滋生害虫，必须覆盖防寒纱或
防虫网进行预防。

🍃 为了确保结球所需的叶片数量足够，要尽
量使植株长大，直到其开始结球为止。

🍃 由于卷心菜偏好凉爽的气候，建议在夏末
秋初购买幼苗栽培，会比较容易成功。

1 移植幼苗

虽然也可以直播栽培，但由于卷心菜的育苗时间较长且容易长虫，因此建议购买市售的幼苗，这样既能节省时间，也比较方便。选购已长出5~6片真叶、茎粗且节间密实的高品质幼苗，在适当的时间进行移植。

① 装入用土，并预留浇水空间。

② 每隔30~35cm挖1个稍大于根团的洞。

30~35cm

③ 小心地从育苗软盆中取出幼苗，注意不要破坏根团。

栽培提示 盆栽迷你卷心菜

500~800g的迷你卷心菜最近广受欢迎。由于它可以彼此间隔20~25cm进行密植栽培，而且移植后40~50天即可采收，因此，非常适合盆栽。

4 为了避免子叶被土掩盖，移植时应使根团上表面和土壤表面位于同一高度，进行浅栽。

子叶

子叶

5 轻压植株周围的土壤，然后大量浇水。

2 覆盖防寒纱

卷心菜容易遭受虫害，若幼苗的芯被害虫侵袭，则无法结球。因此，移植后要立即盖紧防寒纱，预防虫害。不过，在盖防寒纱前要确认卷心菜是否已经遭受了虫害。

弯曲支架并将其插入盆器，盖上防寒纱，再用晾衣夹夹紧两端。

防寒纱

3 追肥

在移植后3周和开始结球时各施1次化成肥料。若是液肥，则在结球前每周施1次。

第一次追肥

1 当植株长出10片左右真叶时就进行第一次追肥。掀开防寒纱，沿盆器边缘撒10g化成肥料，将其轻轻混入土壤中后再次盖上防寒纱。

第二次追肥

2 移植后6周左右，叶片渐渐直立，开始结球。此时，需像第一次追肥那样再次进行追肥。

混入土壤中

≪POINT
施肥时要将大的叶片向上翻起，避免让叶片直接接触化成肥料。

4 采收

移植幼苗后10周左右，结的球会逐渐变大。用手轻压，待摸起来较硬实时，则可进行采收。若采收太迟，球会裂开，因此要注意采收时间。

用菜刀切下整棵卷心菜，保留下方的3~4个叶片。

用手按压确认。

卷心菜的品种

试着种种看

恐龙羽衣甘蓝

一种不会结球的卷心菜。叶片表面有褶皱，呈黑紫色。常用于意大利料理，煮熟后会产生甜味，口味醇厚。

皱叶卷心菜

一种叶片表面有褶皱的"皱纹卷心菜"。此品种叶片较硬，既适合煮熟食用，也适合生食。

今系201号

适合初学者栽培的春季卷心菜的代表品种。口感较软，适合切丝后直接生食。

尖头形卷心菜

一种头尖似笋的卷心菜，外叶较小，适合密植。叶片柔软，适合做成沙拉直接生食。

紫甘蓝

被称为"紫甘蓝"的小型品种，色彩鲜艳，适合做成色彩缤纷的沙拉。

京菜（水菜）

放置场所 日照充足处

盆器大小 长盆或圆盆

| 标准 | 标准 | 选择大口径的盆器 |

栽培用土 叶菜类蔬菜专用混合土

膨胀蛭石
腐叶土
赤玉土

石　灰：每 10L 用土使用 10~20g 石灰
化成肥料：每 10L 用土使用 10~20g 化成肥料

栽培月历

| 1 | 2 | 3 | 4 | 5 | 6 | 7 | 8 | 9 | 10 | 11 | 12 |

■ 播种　■ 采收

栽培重点

● 无论植株大小，皆可采收。但若进行盆栽，则要在植株较小或稍稍长大一些时就进行采收。

● 京菜亦称"水菜"，顾名思义，特别喜水，因此在栽培时要注意防止缺水。

● 秋季播种基本上无须担心虫害问题，但其他季节则要覆盖防虫网。

播种

由于京菜喜欢凉爽的气候，因此，秋季到冬季是栽培的最佳时期。盆栽的是小株植株，故一整年皆可播种。京菜的发芽率较高，在播种时切勿让种子重叠。

1 装入用土，并预留浇水空间。

沟槽　10~15cm

2 用棍子挖出两条间隔 10~15cm、深度为 5cm 的沟槽用于播种。

3 在沟槽中每隔 1cm 撒 1 粒种子。

4 将周围的土壤拨入沟槽，在种子上覆盖一层薄土。

5 用手掌轻轻按压土壤，让土壤和种子紧密贴合。

6 用带有莲蓬头的浇水壶浇水，注意不要把种子冲走。

2 间拔

由于小株即可采收，栽培期间只需间拔2次。因此，密植栽培的京菜口感较软，适合做沙拉。

1 待几乎所有种子都发芽后，需间拔至植株间距为2~3cm。

第一次间拔

2 待长出4~5片真叶后，再次进行间拔，使间距为4~5cm。间拔时采摘的京菜可以食用。

第二次间拔

3 追肥

小株即可采收的京菜无须追肥。但土壤过于干燥的话会影响植株生长，因此在栽培时要防止缺水。第二次间拔后每隔1周就要浇1次水，并施液肥，这样效果更好。此外，采收完所需的量之后需再施液肥，这样植株才会长出新的叶片，之后就可采收较大株的京菜了。

先通过间拔扩大植株的间距，再施液肥。

4 采收

当植株长到20~30cm时，就进入了真正的采收期。

20~30cm

1 待植株长到20~30cm后，随时都可用剪刀直接剪下进行采收。

京菜的品种

京雪见

呈细叶状，涩味少，适合生食，全年可栽培。

沙拉用京菜

适合生食、煮火锅和腌制。

壬生菜

叶脉浅，适合腌制。

广茎京菜

叶宽肉厚，适合腌制和炖煮。

2 播种后1个月，
即可隔株拔起进
行采收。

3 采收后需施液肥，以促进剩余的植株成长。

⩘POINT

施液肥有助于采收较大株的京菜。

空心菜

放置场所 日照充足处

盆器大小 长盆或圆盆

标准 标准

栽培用土 叶菜类蔬菜专用混合土

膨胀蛭石

腐叶土 —— 赤玉土

石 灰：每10L用土使用10~20g
石灰
化成肥料：每10L用土使用10~20g
化成肥料

栽培月历

1	2	3	4	5	6	7	8	9	10	11	12

■ 移植幼苗　■ 采收

栽培重点

🌿 由于并非一次性采收，而是陆续采收新芽，因此要注意追肥。

🌿 若茎部长得过于密集，则会影响侧芽的生长，因此须定期采收或时常整枝。

🌿 空心菜偏好高温多湿的环境，因此，土壤过于干燥会影响其生长。干燥季节要铺设稻草，并防止缺水。

若想要在盆栽中多种几株的话，则建议购买市售的幼苗进行移植，这样会比较简单。侧芽不断生长，茂密的叶子有时甚至会长到盆栽外面，因此植株需要保留足够的间距。由于空心菜属于热带蔬菜，因此必须等气温完全升高后再进行移植。

1 移植幼苗

① 装入用土，并预留浇水空间。

② 间隔15~20cm挖2个洞用于移植。

15~20cm

③ 将原本种在一起的幼苗分开。

》POINT
尽量不要拨落根团的土壤。

④ 移植幼苗后，轻轻按压茎底土壤。

⑤ 大量浇水。

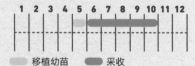

2 摘心

当植株长到20cm左右时，就要对主枝进行摘心，以促进侧芽的生长。若不进行摘心，则会影响侧芽的生长，减少收成，因此要将植株的前端剪下。

待植株长到20cm左右时就在距离土面4~5cm处进行摘心。

3 追肥、增土

由于空心菜的采收期较长，且缺肥会导致茎变硬，因此在栽培过程中要注意防止缺肥。摘心后每周施1次液肥，若是化成肥料的话，则2周施1次即可。

摘心后用施液肥代替浇水。

在盆栽各处均匀撒10g化成肥料，并在肥料上添加因浇水流失的土壤。

追肥

增土

4 铺设稻草

空心菜偏好潮湿的环境，土壤过于干燥的话会影响其生长。干燥季节要铺设稻草并大量浇水，促进其生长。

稻草

由于空心菜偏好潮湿的环境，因此需铺设稻草，防止土壤变干。

5 采收

待植株长到20cm以上就可进行第一次采收了。采收时在距离植株前端15cm处剪下即可。之后也可以采摘陆续长出的侧芽。采收时务必保留2~3片叶子，这样做就可一直采收到秋季。此外，采收后也要进行追肥。

① 第一次采收时，需保留茎底的5~6片真叶。

② 采收侧芽时，保留侧芽上的2~3片叶子，之后会从保留的叶子旁边长出新芽，可再进行采收。

扦插育苗

将在蔬菜店购买的空心菜的嫩芽前端摘下，插在装满水的杯中，2周后根部就会长出，可作为幼苗进行移植。

水芹

放置场所 日照充足处

盆器大小 可储水的盆器

小型

栽培用土 叶菜类蔬菜专用混合土

膨胀蛭石
腐叶土
赤玉土

石 灰：每 10L 用土使用10~20g
石灰
化成肥料：每 10L 用土使用10~20g
化成肥料

栽培月历

| 1 2 3 4 5 6 7 8 9 10 11 12 |

移植幼苗 采收

栽培重点

🍃 由于水芹是可以在水边自生的水生植物，因此利用脸盆等可储水的盆器和筛网就可进行水培了。

🍃 虽然市面上也有种子售卖，但利用超市售卖的水芹来栽培会更加简单。

🍃 由于水芹不耐热，因此夏季最好将盆栽放置在凉爽的半日阴处，避免阳光直射。

---

1 移植、管理

直接将其茎部插入水中也会长出根来，非常好种。可以将做料理时剩余的水芹插入培养土中，再放入储水的盆器里，其间注意换水，这样就可以收获新鲜的水芹了。

移植

① 在细网眼儿的筛网中铺一层轻石。

轻石

 ▶

② 在轻石上装入用土，然后用手指挖几个洞，插入 3~4 根茎叶。

③ 在储水盆器里加水后放上筛网，水量差不多到筛网底部。

兼具观赏功能

将水芹种在睡莲盆里，还可以在里面养小鱼。由于水芹不耐热，因此夏季要放置在半日阴处。

换水

④ 每月将筛网拿出 1 次，把一半的水换成稀释 500 倍的液肥。

---

2 采收

待新芽长到 15cm 后就从茎部进行采收。由于侧芽会不断生长，因此可以一直进行采收。

趁新芽还处于软嫩阶段就用剪刀将其剪下。

苋菜

放置场所 日照充足处

盆器大小 长盆

大型

栽培用土 叶菜类蔬菜专用混合土

膨胀蛭石
腐叶土
赤玉土

石　　灰：每 10L 用土使用 10~20g 石灰
化成肥料：每 10L 用土使用 10~20g 化成肥料

栽培月历

1	2	3	4	5	6	7	8	9	10	11	12

移植幼苗　　采收

栽培重点

- 苋菜和观赏用的雁来红属于同科植物，耐热耐旱，病虫害少，适合夏季栽培。
- 由于苋菜原产于热带，耐高温，因此等天气变暖后再播种，或购买市售的幼苗进行栽培。
- 若植株的间距太小，则会影响植株的生长，因此，植株必须保持适当的间距。

1 移植幼苗、管理

由于种子较小，播种后通常需要进行间拔，因此，栽培市售的幼苗会比较方便。摘心可促进侧芽生长，同时要注意防止缺肥。

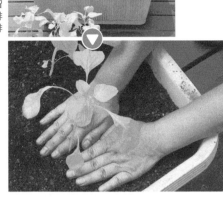
移植

1 装入用土，并预留浇水空间，分两排移植幼苗，每排间隔 15~20cm。移植后大量浇水。

摘心

2 待植株长到15cm左右，就要对主枝进行摘心。

追肥　　推土

3 摘心后在盆器各处均匀撒 10g 化成肥料，将其轻轻混入土壤中后再推向茎底。

2 采收

侧芽长出后就进入了真正的采收期。采收时摘取所需的叶子和芽尖即可。由于花芽长出后叶子会变粗，因此最好尽早采收。

1 趁不断长出的侧芽还处于软嫩阶段就进行采收。

施肥

2 摘下芽尖后需施液肥，以促进侧芽持续生长。

小松菜

放置场所 日照充足处

盆器大小 长盆

标准

栽培用土 叶菜类蔬菜专用混合土

膨胀蛭石
赤玉土
腐叶土

石　　灰：每10L用土使用10~20g
石灰
化成肥料：每10L用土使用10~20g
化成肥料

栽培月历

| 1 | 2 | 3 | 4 | 5 | 6 | 7 | 8 | 9 | 10 | 11 | 12 |

播种　　采收

栽培重点

🍃 由于小松菜需一边间拔一边采收，因此要尽早开始间拔。

🍃 小松菜几乎一整年都可进行播种，但夏季要铺塑胶布避免阳光直射，冬季要盖防寒纱进行保温，这样才能获得良好的收成。

🍃 每隔1~2周进行1次播种，可延长采收时间。

116

1 播种

虽然小松菜几乎一整年都可进行栽培，但最佳栽培时期是秋季。秋季播种长出的植株茎部较粗，味道也较好。由于播种后间拔和追肥等作业较为轻松，因此建议使用条播法进行播种。

1 装入用土，并预留浇水空间。

2 用棍子压出2条深度为5mm的沟槽，彼此间隔10~15cm。

10~15cm

3 在沟槽中每隔1cm撒1粒种子。

间隔1cm

4 将两旁的土壤拨入沟槽，浅浅盖住种子即可。然后用手轻轻按压，确保土壤和种子紧密贴合。

5 用带有莲蓬头的浇水壶浇水，注意不要把种子冲走。

2 间拔

1 种子几乎都发芽后就要进行第一次间拔。除掉形状欠佳的幼苗，使彼此间隔3cm。

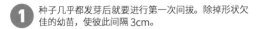

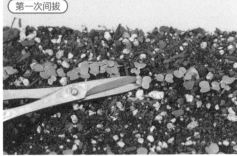

第一次间拔

2 待长出 4~5 片真叶后就要进行第二次间拔，使彼此间隔5cm。间拔时拔除的蔬菜也可以食用。

第二次间拔

≫POINT
若长得过于茂密，则要进行间拔。

播种后 5~7 天就会发芽。长出 4~5 片真叶就要进行 2 次间拔，第二次间拔后植株间应保持 5cm 左右的间距。

3 追肥

由于小松菜的生长期较短，因此只需在第二次间拔后施 1 次肥。用施液肥代替浇水。若施化成肥料，则只需施 10g。将肥料撒在沟槽间，但需避免肥料碰到叶片，然后轻轻将其混入土壤中再推向植株周围。若土壤有所减少，就要在茎底添加新的土壤。

第二次间拔后要施液肥。最好视其生长情况，每周浇 1 次水并施肥。

4 采收

待植株长到 10cm 左右就可以一边间拔一边采收了。待植株长到 20cm 后就要全部采收。秋季播种的植株经过一个冬天后，到了春季便会抽薹开花。在开花前可采摘已经长出花蕾的花茎进行食用，保留几株不要采收，任其生长。

待叶片长到 10cm 左右后就可以一边间拔一边采收。

待叶片长到 20cm 后就要直接拔起进行采收。

茼蒿

放置场所 日照充足处

盆器大小 长盆

| 标准 | 标准 | 选择大口径的盆器 |

栽培用土 叶菜类蔬菜专用混合土

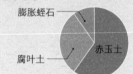

膨胀蛭石
腐叶土
赤玉土

石　灰　每 10L 用土使用10~20g
　　　　石灰
化成肥料　每 10L 用土使用10~20g
　　　　化成肥料

栽培月历

| 1 | 2 | 3 | 4 | 5 | 6 | 7 | 8 | 9 | 10 | 11 | 12 |

播种　　采收

栽培重点

🍃 茼蒿发育、生长的最佳温度为 15~20℃，
它既耐热又耐寒，病虫害少，容易栽培。

🍃 由于种子好光，因此播种后覆盖一层薄薄
的土壤即可。

🍃 摘除主枝后，再摘除不断生长的侧枝，就
可长时间采收。若是春季播种，采收时
要连根拔起。

118

播种的最佳时期是春、
秋两季。由于好光性种子需
要照射阳光才能发芽，因此
播种后只需将土薄薄地盖在
种子上，且在发芽前需注意
防止土壤变干。

1 播种

① 在盆器中装入用
土后铺平，再用棍
子压出 2 条间隔
10cm 的沟槽。

② 在沟槽中每隔 1cm 撒 1 粒种子。

每隔 1cm

③ 用沟槽两旁的土壤
薄薄地覆盖种子。

》POINT
轻轻按压土壤
表面。

④ 轻轻按压土壤表面，
使土壤和种子紧密
贴合。

⑤ 用带有莲蓬头的浇
水壶慢慢浇水，注
意不要把种子冲走。

2 间拔

播种后 7~10 天就会发芽。从子叶打开后到长出 5~6 片真叶,要间拔 3 次。保留生长状态好的植株,最终使植株的间距维持在 8~10cm。间拔时拔除的茼蒿可以凉拌或做成沙拉食用。

① 待种子几乎都发芽之后,在植株密集的地方进行间拔。

第一次间拔

② 待长出 3~4 片真叶后,用剪刀间拔至植株间隔 5cm。此时,茼蒿的嫩叶具有一种独特的香气。

第二次间拔

③ 待长出 5~6 片真叶后再次进行间拔,最终使植株的间距为 8~10cm。

第三次间拔

3 追肥

第二次和第三次间拔后需进行追肥。若施化成肥料,则在盆器各处均匀撒 10g 左右即可,然后将肥料轻轻混入土壤中。由于要时刻预防土壤变干,因此用施液肥代替浇水,效果会更好。若想延长栽培时间,并随时采收,建议每 15~20 天施 1 次液肥。

第一次追肥

第二次间拔后需施液肥。

第二次追肥

第三次间拔后也需施液肥,并保持适当的温度。

茼蒿的品种

试着种种看

御多福茼蒿

叶脉较浅的大叶品种,拥有厚实软嫩的叶片是其主要特征。

中叶品种,可以一边栽培一边采收,具有茼蒿特有的香气和甜味。

里丰

长茎茼蒿

茎很长,茼蒿特有的青草味较淡,可生食。

观赏性植物

仅部分亚洲国家会食用茼蒿。而在欧洲,茼蒿则通常作为观赏性植物种在花坛里。春季茼蒿会开出类似木茼蒿的黄色花朵。保留 1~2 株不要采收,欣赏一下其盛开的美丽花朵吧。

4 采收

待植株长到 20cm 左右就进入了真正的采收期。若在秋季播种，则摘除主枝后还可陆续采收不断长出的侧芽，并在采收后继续追肥。若在春季播种，则气温一高植株就会抽薹开花，因此，必须在播种后 30 天左右就连根采收。

剪下主枝，仅保留约 4 片下叶。

等侧芽长到 10~15cm 时，保留 2 片左右的叶子，其他全部采收。反复如此，就可以延长采收时间。

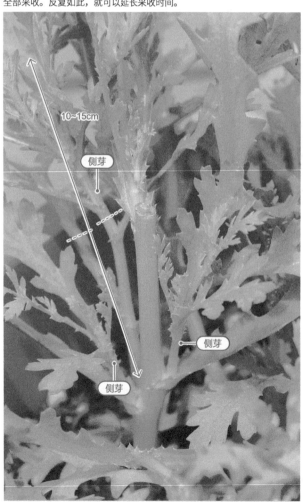

10~15cm

侧芽

侧芽

侧芽

**30天
左右**

★POINT

若在春季播种，则在花蕾萌发前就要进行采收。

若在春季播种，则在抽薹开花前就要连根采收。

已经抽薹开花的茼蒿。保留 2~3 株不要采收，可欣赏其盛开的美丽的黄色花朵。

花蕾

紫苏

放置场所 日照充足处

盆器大小 长盆

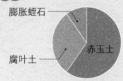

栽培用土 叶菜类蔬菜专用混合土

膨胀蛭石

腐叶土

赤玉土

石　　灰：每 10L 用土使用10~20g
石灰

化成肥料：每 10L 用土使用10~20g
化成肥料

栽培月历

```
1  2  3  4  5  6  7  8  9  10  11  12
```

播种　　采收

栽培重点

- 由于紫苏的种子较硬，因此，把种子浸泡在水里一整晚后再播种会较快发芽。
- 若要采收菜叶，就在长出 10 片以上真叶后，叶片还处于柔嫩阶段进行采收。
- 若采收期缺肥的话，叶片就会很小，品质不高，因此，盆栽时要勤于施肥。

1 播种、管理

由于紫苏的种子发芽需要较高的温度，因此，可在气温逐渐升高的 4 月中旬后，用点播法进行播种。依序进行间拔，待长出 3~4 片真叶后每处保留生长状态良好的 1 株植株。在栽培过程中要防止缺肥。

① 每隔 15~20cm，用塑料瓶盖压出一个 1cm 深的洞，在每个洞内撒 5~6 粒种子，再盖上一层薄土。

播种

② 用木板按压土壤，使土壤和种子紧密贴合。为了防止土壤变干，要在土壤上铺湿报纸，等发芽后再将报纸移走。

间拔

③ 待长出 3~4 片真叶后进行间拔，每处仅保留 1 株植株即可。间拔后需施液肥，且之后要每 2 周浇 1 次水。

追肥

2 采收

长出 10 片真叶之前都不要进行采收，待长出 10 片真叶后，再采收嫩叶。夏末还可以采收花穗或果实。

待长出 10 片真叶后，就可以从叶根进行采收。

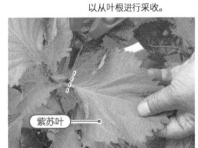

紫苏叶

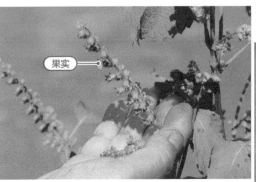

果实

趁果实还未成熟时就进行采收。

紫苏穗上 1/3 左右的花开放时，就到了采收紫苏穗的最佳时期。

紫苏穗

叶用甜菜

放置场所 日照充足处 ~ 半日阴处

盆器大小 长盆或圆盆

标准　大型

栽培用土 叶菜类蔬菜专用混合土

膨胀蛭石
腐叶土
赤玉土

石　灰：每10L用土使用10~20g石灰

化成肥料：每10L用土使用10~20g化成肥料

栽培月历

| 1 | 2 | 3 | 4 | 5 | 6 | 7 | 8 | 9 | 10 | 11 | 12 |

移植幼苗　　采收

栽培重点

🍃 叶用甜菜适合在 15~20℃的环境中生长，耐夏季高温和干燥。

🍃 叶用甜菜病虫害少，即使在半日阴处也能生存，极易栽培。

🍃 拥有颜色鲜艳的叶柄是其主要特征，即使只种一盆也能为盆栽菜园增添艳丽的色彩。

🍃 务必在土壤中混合石灰。

1 移植幼苗

可以直播栽培，也可以购买市售的幼苗，选择具有自己喜欢颜色的叶柄的幼苗进行栽培。栽培在大一点儿的盆器里，就能一边采摘下叶，一边享受观赏的乐趣。

① 将泡沫颗粒装入网中并铺在盆器底部，促进排水。

泡沫颗粒

② 装入用土，直到根团上表面的土壤距离盆器边缘 3cm 左右。

3cm

③ 将幼苗从育苗软盆中取出。

栽培观赏用的盆栽

叶用甜菜的鲜艳色彩和丰厚感超过了一般的蔬菜，它可以为绿意盎然的盆栽菜园增添活力。无须全部采收，保留一部分植株，视其生长情况进行追肥，就能培育出大型的植株。虽然到了第二年它会开花，但花的观赏价值不高，所以在它抽薹开花之前就要切除其茎部。

4 按照叶柄的颜色配置幼苗，盖上土壤，注意不要留有缝隙。

5 轻轻按压茎底土壤，稳定幼苗。

6 移植后大量浇水。

2 追肥

待植株长到10cm左右后，施10g化成肥料，将其轻轻混入土壤中再推向植株。若想培育出大型植株的话，则需每隔7~10天以施液肥代替浇水，或每月施1次10g化成肥料。

3 采收

待植株长到15~20cm，就直接用小刀从茎底切下，进行采收。

15~
20cm

待植株长到15~20cm，就可进行采收。一边培育一边从外叶开始依序采收，体会长时间采收的乐趣。整株采收时，可用剪刀或小刀从茎底切下。

采收

叶根变饱满后，可从外叶开始采收。

》POINT
抽薹的茎要趁早切除。

培育观赏用的大型植株时，其第二年就会抽薹开花，因此，为了不给植株造成负担，必须尽早切除抽薹的茎部。

123

青花笋

虽然青花笋育苗难度不高，但由于市面上售有幼苗，因此若栽培的植株数量较少，则购买市售的幼苗会比较方便。当幼苗长出5~6片真叶时，正是移植的最佳时期。建议选购节间短而密实的幼苗。

放置场所 日照充足处

盆器大小 长盆或圆盆

大型	大型

栽培用土 叶菜类蔬菜专用混合土

膨胀蛭石

腐叶土 — 赤玉土

石 灰 每10L用土使用10~20g石灰

化成肥料 每10L用土使用10~20g化成肥料

栽培月历

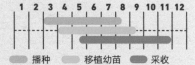

| 1 | 2 | 3 | 4 | 5 | 6 | 7 | 8 | 9 | 10 | 11 | 12 |

播种 移植幼苗 采收

栽培重点

- 青花笋亦称西兰薹，待侧花蕾的茎部长长，就可进行采收。
- 青花笋比西蓝花更耐热，即使在夏天也能采收。
- 为了增加侧花蕾的数量，需尽早摘除顶花蕾，且追肥要多于西蓝花的追肥量。为了防止切口处积水，摘除侧花蕾时要进行斜切。

1 装入用土，直到距离盆器边缘下方2~3cm，以预留浇水空间并铺平。

2 挖3个稍大于根团的洞，移植幼苗，注意不要破坏根团。

3 轻轻按压茎底土壤，移植后充分浇水。

4 因为采取浅栽的方法，所以需要暂立支架，用绳子将茎与支架绑在一起，防止幼苗被风吹倒。

》POINT
暂立支架进行支撑，防止幼苗被风吹倒。

2 摘心

青花笋可食用的部分是侧枝和前端的花蕾，所以为了促进侧枝旺盛生长，需尽早切除主茎前端的花蕾。此外，要让切口照到阳光，保持干燥，以预防疾病。

顶花蕾

待顶花蕾的直径长到 500 日元元硬币大小后，就从距离顶端 5cm 左右的地方切除顶花蕾。

让切口照到阳光，保持干燥。

3 追肥

为了收获渐渐长出的侧花蕾，需每隔半月施 1 次肥，以免缺肥，这一点十分重要。若施液肥，则需每周施 1 次。

① 稍微远离茎底部施 7g 左右的化成肥料。

② 将肥料轻轻混入土壤中。

4 采收

移植幼苗后大约 45 天即可采收顶花蕾，55 天则可采收侧花蕾。待侧枝长到 20cm 以上就可依序采收。若逾期不进行采收，则会影响之后的侧枝生长。此外，采收后也要继续追肥。

20cm

① 趁花蕾密实时，连同茎部一起切下。

② 为了促进不断冒出的侧花蕾苗壮生长，需进行追肥。

追肥

播种、育苗

3—8 月中旬适合播种。可用 3 号育苗软盆进行播种，在发芽前要防止土壤变干。在夏季，播种后 3~4 天就会发芽，在其他季节则需 1 周左右。

铺平土壤，并进行播种，注意不要让种子重叠在一起。

利用筛网对土壤进行过筛，在种子上覆盖 5mm 左右厚的土壤，轻轻按压后再大量浇水。

发芽后直至长出 2 片真叶前，选出发育良好的幼苗，并间拔至只剩 1 株植株。

在长出 5~6 片真叶前，需将盆栽放置在日照充足的地方进行培育，并防止土壤变干。

西芹

放置场所 日照充足处或半日阴处

盆器大小 可储水的盆器

大型　大型

栽培用土 叶菜类蔬菜专用混合土

膨胀蛭石
腐叶土
赤玉土

石　　灰　每 10L 用土使用10~20g
　　　　石灰
化成肥料　每 10L 用土使用10~20g
　　　　化成肥料

栽培月历

1	2	3	4	5	6	7	8	9	10	11	12

　移植幼苗　　采收

栽培重点

🌿 由于西芹偏好凉爽的气候，不耐热，不喜
　干燥、潮湿的环境，因此育苗难度较大，
　建议购买市售的幼苗进行移植。

🌿 在炎热的夏季栽培时，需将盆栽放在阳台
　的半日阴处，并勤浇水。

🌿 在采收之前都要注意防止缺肥。

126

1 移植幼苗

由于西芹对干燥的土壤和过于潮湿的环境十分敏感，不易管理，再加上育苗时间较长，因此购买市售的幼苗进行栽培更易成功。从5月到进入梅雨季节前，将长出 7~9 片真叶的幼苗进行深栽。栽培时需选用大号盆器。

由于西芹属于直根性蔬菜，因此需注意不要破坏根团。

❶ 把泡沫颗粒装入网中，代替盆底石铺在盆器底部。

❷ 装入六成左右的土壤，再从育苗软盆中取出幼苗，放在土上。注意不要破坏根团。

❸ 增土，根团上端稍超出土壤表面，然后轻轻按压茎底土壤。

》POINT
进行浅栽，让根团上端稍微露出土壤表面即可。

❹ 大量浇水。

2 摘除侧芽和下叶

定植 30~40 天后，西芹的生长会变得旺盛，下叶开始长出侧芽，并会从茎底长出侧芽。为了使植株长得更加饱满，要尽早摘除侧芽和下叶，避免养分被侧芽和下叶分散。摘除的叶子可以食用。摘除侧芽、下叶后需进行追肥，还要注意适时浇水，防止土壤变干。

摘除侧芽和下叶，使植株保持简洁。

3 追肥

缺水和缺肥都会影响植株的生长，进行盆栽时需特别注意。每 10 天施 1 次液肥，代替浇水，效果更佳。

每月给每株植株施 2 次 7~10g 化成肥料，并将其轻轻混入土壤中。

平时

夏季

在夏季，盆栽需放在半日阴处，并且每 10 天施 1 次液肥，代替浇水。

4 采收

待植株长大、叶柄变得饱满肥厚后，将整株植株从茎底切下，或从外叶开始采收所需的量。分次采收的话，在冬天可以体验长时间收获的乐趣。

1 从外叶开始依次采收，可长时间享受收获的乐趣。

2 采收后需施液肥。

⌐POINT
从外叶开始依次采摘，就能长期进行采收。

栽培提示　**软化土壤**

芯叶开始直立后，要用厚纸板等将整株植株卷起来软化，这样一来，3 周后就能收获和蔬菜店里一样的白色茎的西芹。

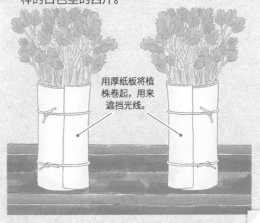

用厚纸板将植株卷起，用来遮挡光线。

127

塌菜

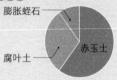

放置场所 日照充足处

盆器大小 长盆或圆盆

大型　大型

栽培用土 叶菜类蔬菜专用混合土

膨胀蛭石

腐叶土　赤玉土

石　灰：每 10L 用土使用10~20g
石灰

化成肥料：每 10L 用土使用10~20g
化成肥料

栽培月历

| 1 | 2 | 3 | 4 | 5 | 6 | 7 | 8 | 9 | 10 | 11 | 12 |

播种　采收

栽培重点

🍃 由于塌菜的叶片会水平张开，因此应适时进行间拔，使植株保持必要的间距。

🍃 塌菜耐寒，其甜度遇霜甚至会增加。秋季播种可以培育出繁茂的植株，整个冬季都能进行采收。

🍃 春季播种容易遭遇虫害，因此，需覆盖防寒纱进行防虫。

1 播种

虽然春季和秋季都可以进行播种，但季节不同，植株的生长情况也会有所不同。若春季播种，植株会呈直立状；但若采用条播法或在秋季播种，叶片则会长得较大，植株也会较大，因此，需采用点播法进行播种。

① 装入用土，并预留浇水空间。

② 用塑料瓶盖在每隔 15~20cm 的斜对角处挖 1 个 1cm 深的洞。

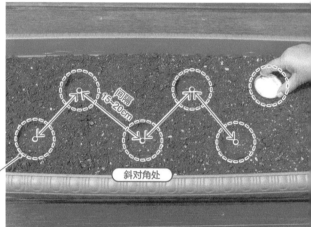

间隔 15~20cm

斜对角处

》POINT

若在秋季播种，植株会长得特别繁茂，因此，需要在斜对角处采用点播法进行播种。

③ 用点播法在每个洞中撒 7~8 粒种子。

④ 稍微盖上土壤后再用手轻轻按压，让土壤和种子紧密贴合，然后大量浇水。

2 间拔、追肥

播种后7~10天，种子几乎就会全部发芽。待子叶张开后需进行3次间拔和2次追肥。若采用条播法进行播种，则要依序进行间拔，最终使植株的间距为15~20cm。

1 第一次间拔，每处仅留下3株叶片形状较好的植株。将土壤轻轻推向茎底，防止幼苗倒塌。

第一次间拔

2 待长出2~3片真叶时，进行第二次间拔，每处间拔后仅留下2株植株。

第二次间拔

3 间拔后，在盆栽各处均匀施10g化成肥料，将肥料轻轻混入土壤中后再一起推向茎底。

第一次追肥

4 每处仅保留1株长有5~6片真叶的植株。在第三次间拔后进行追肥。追肥的量与前一次相同，并将肥料轻轻混入土壤中。

第三次间拔

第二次追肥

3 采收

播种后40~60天即可采收。待植株的直径长到20~25cm后，视情况一边间拔一边采收。天气变冷时植株的直径会长到30cm以上。

40~60天

从茎底处采收已长大了的塌菜。

结球莴苣

放置场所 日照充足处

盆器大小 长盆

> 标准

栽培用土 叶菜类蔬菜专用混合土

膨胀蛭石

腐叶土

赤玉土

石　灰：每 10L 用土使用10~20g
石灰

化成肥料：每 10L 用土使用10~20g
化成肥料

栽培月历

1	2	3	4	5	6	7	8	9	10	11	12

■ 移植幼苗　■ 采收

栽培重点

● 由于结球莴苣偏好凉爽的气候，因此可在春季和秋季进行栽培，但最佳季节为秋季。

● 若长时间受到光照，植株容易抽薹开花，因此，夜间应放置在不会照到灯光的地方。

● 结球莴苣与叶用莴苣不同，栽培时间较长，因此需追肥。

1 移植幼苗

当栽培的植株数量较少时，购买市售的幼苗会比较方便。要挑选叶片生长旺盛、叶片之间的缝隙较小的幼苗。

① 在盆底铺设盆底网，并铺上一层盆底石。

盆底石

② 考虑到浇水空间和移植时夹带的土壤，将土壤装至七分满即可。

③ 每隔 15cm 放 1 株幼苗，并调整用土的高度。从育苗软盆中取出幼苗时，注意不要破坏根团。

15cm

④ 添加土壤直到与根团同高。

⑤
轻轻按压茎底土壤，固定幼苗。

⑥
为了避免土壤飞溅到叶片上，浇水时应先让水流过手掌，减缓水流速度。

3 采收

移植幼苗后50~60天，试着按压结成球状的莴苣，若摸起来硬实，就可进行采收。由于切口容易腐烂，因此尽量避免在雨天采收。此外，遇水容易腐烂，因此切口处渗出的白色汁液代表着新鲜，但干掉后会变成咖啡色，弄脏其他叶片，因此，最好将渗出的汁液擦拭干净。

50~60天

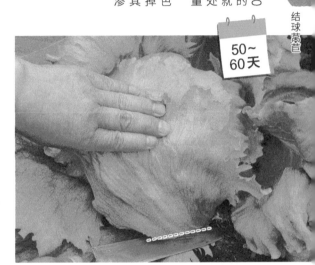

用一只手按压结成球状的莴苣，另一只手持菜刀从地际处进行采摘。

为何莴苣结出的球形状不漂亮？

莴苣偏好凉爽的气候，在高温期难以结球。这是因为高温和长时间日照，会使植株长出花芽，然后抽薹开花。若长时间照射街灯等灯光，植株也会抽薹开花，因此，盆栽时要注意避开人工灯光。为了收获和店里一样圆滚滚的莴苣，就要配合适当的温度，适时栽培，还要注意选择合适的场所。

2 追肥

要注意防止缺肥。

移植2周后，每2周就要定期在盆栽中撒10g化成肥料。特别是在开始结球时一定要按时追肥，千万不能忘记追肥。此外，生长期若土壤过于干燥，叶片就会较小，因此，在追肥的同时需进行浇水，效果更佳。

≫POINT
不要忘记追肥。

移植后40天左右就会开始结球，切勿忘记追肥。

青梗菜（迷你种）

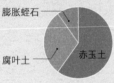
放置场所 日照充足处

盆器大小 长盆或圆盆

标准　标准

栽培用土 叶菜类蔬菜专用混合土

膨胀蛭石
腐叶土　赤玉土

石　　灰：每 10L 用土使用 10~20g
石灰
化成肥料：每 10L 用土使用 10~20g
化成肥料

栽培月历

1	2	3	4	5	6	7	8	9	10	11	12

播种　采收

栽培重点

🍃 若进行盆栽，则推荐种植手掌大小的迷你品种。

🍃 虽然不一定要施肥，但由于它不耐旱，因此用施液肥代替浇水，效果更佳。

🍃 若太迟间拔，植株会发生徒长问题，导致无法长出饱满厚实的叶柄，因此要适时间拔。

1 播种

可以采取一边间拔一边栽培的条播法，也可以每隔 5cm 用点播法进行播种。直到发芽前都要防止土壤变干。

1 装入用土，并预留浇水空间。

2 用支架等压出 2 条排距为 10~15cm、深度为 5mm 的沟槽。

沟槽

10~15cm

3 在沟槽中每隔 1cm 撒 1 粒种子。

4 将沟槽周围的土壤拨入沟槽，使其薄薄地盖住种子。

5 用手轻轻按压，使土壤和种子紧密贴合。

6 浇水时使浇水壶的莲蓬头朝上，注意不要把种子冲走。

2 间拔

① 剪掉被虫啃过或形状欠佳的幼苗，使植株的间距保持在3~4cm。

第一次间拔

② 待长出3~4片真叶后进行间拔，使植株的间距保持在5~6cm。

第二次间拔

≪POINT 适时间拔，有助于长出漂亮的植株。

播种后7~10天，种子几乎就会全部发芽。长出子叶和3~4片真叶时要分别进行间拔。若不进行间拔，调整植株的间距，就会导致植株徒长，无法收获漂亮的蔬菜。

3 追肥

在日照充足、不缺水的条件下，植株不缺肥就能苗壮成长，长成高品质的青梗菜。第二次间拔后，在浇水的同时，还需每2周施1次液肥，或在盆栽中均匀撒10g化成肥料，将其轻轻混入土壤中，再推向茎底。之后每隔7~10天施等量的化成肥料。

第二次间拔后应立即施液肥，之后视生长情况每2周施1次液肥，同时配合浇水。

4 采收

整株都可食用的迷你青梗菜的生长期较短，只有20~30天。从已长到10~15cm高的植株开始依序间拔采收。之后再施液肥，剩下的植株就会长得更加饱满。

20~30天

①

施肥

待植株长到10~15cm高后，就可一边间拔一边采收。间拔至植株的间隔为10~15cm，再施液肥。

②

用剪刀从地际处切除或直接连根拔起尾部（叶柄）饱满的青梗菜。

落葵

放置场所 日照充足处

盆器大小 长盆或圆盆

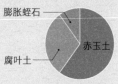

大型　　大型

栽培用土 叶菜类蔬菜专用混合土

膨胀蛭石

赤玉土

腐叶土

石　灰：每10L用土使用10~20g
　　　　石灰

化成肥料：每10L用土使用10~20g
　　　　化成肥料

栽培月历

1	2	3	4	5	6	7	8	9	10	11	12

移植幼苗　　采收

栽培重点

🌿 落葵的茎部颜色有红色和绿色两种，作为蔬菜食用的落葵以绿色茎为主。

🌿 为了促进生成侧芽、增加收成，需进行摘心。

🌿 由于花开之后茎叶也不会变硬，所以采收时间较长。切勿忘了追肥和浇水。

---

1 管理 移植幼苗、

虽然也可以直播栽培，但如果栽培的植株数量较多，还是栽培市售的幼苗会比较方便。采收时顺便对植株进行修剪，这样一来，无须立支架，植株也能顺利生长。

移植

① 装入用土，并预留浇水空间，移植幼苗后再轻轻按压茎底土壤。

② 移植后大量浇水。

摘心

③ 待植株长到30cm高，就从上方剪除15~20cm。

侧芽

摘心后，植株的叶脉处会长出新的侧芽。

---

2 采收

待侧芽长到15cm以上，就进入了真正的采收期。太迟采收的话品质会下降，因此必须趁着鲜嫩尽快采收。

施肥

除了侧芽，还要摘除叶片。采收后施液肥的同时还要浇水，以每周2次为宜。

大蒜

放置场所 日照充足处

盆器大小 长盆

标准

栽培用土 叶菜类蔬菜专用混合土

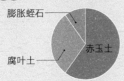

膨胀蛭石

腐叶土

赤玉土

石　　灰：每10L用土使用10~20g
石灰

化成肥料：每10L用土使用10~20g
化成肥料

栽培月历

1	2	3	4	5	6	7	8	9	10	11	12

移植种球　　采收

栽培重点

- 大蒜分为寒地型品种和暖地型品种，要视土壤情况选择适合的品种。
- 要挑选未被病毒感染的健康种球。
- 大蒜耐寒，因此即使是盆栽也无须担心它扛不过冬天。
- 若一处同时长出2株幼苗，则容易分散养分，因此保留其中1株即可。

1 移植种球、管理

在秋季移植种球。若太迟移植的话，球根不易长大，因此，必须适时移植。移植后需进行追肥和间拔等。

① 剥掉外皮，将种球掰成一瓣一瓣的。蒜瓣无须剥皮，直接将其尖端朝上放在土上即可。

移植

② 每隔10cm放一瓣蒜瓣，排成2排，排距为10~15cm。

在种球上覆盖5~6cm厚的土壤，然后大量浇水。

③ 移植后1个月左右，隔年初春就会开始生长，此时需要追肥。在2排蒜苗间撒10g化成肥料，并将其轻轻混入土壤中。

间拔

追肥

④ 若一处同时长出2株幼苗，就要拔掉其中1株。

2 采收

待茎叶枯萎时，就进入了采收期。拔出的大蒜要立刻切掉根叶，阴干后放入网带中，挂在通风处保存。

待2/3左右的茎叶枯萎时，就到了采收的最佳时期。

将整株植株连根拔起，注意不要伤到球根。

韭菜

放置场所 日照充足处

盆器大小 长盆或圆盆

标准　标准

栽培用土 叶菜类蔬菜专用混合土

膨胀蛭石

腐叶土　　赤玉土

石　　灰：每10L用土使用10~20g
　　　　　石灰
化成肥料：每10L用土使用10~20g
　　　　　化成肥料

栽培月历

1	2	3	4	5	6	7	8	9	10	11	12

〔第二年〕

播种　　采收

栽培重点

🌱 在春季要进行分株移植，可2~3年进行1次。

🌱 为了促使植株苗壮生长，播种后1年内尽量不要采收。

🌱 由于韭菜不适合过于潮湿的环境，因此必须选择排水孔较多或带盆底网的盆器，保持良好的通风性和排水性。

虽然春季和秋季都可以进行播种，但春季播种的话，采收会比较快。将种子在水里浸泡一晚，可促进发芽。由于韭菜种子厌光，因此播种后要盖上一层厚厚的土壤。

1 播种

1 用棍子压出2条1cm深的沟槽，排距为10~15cm。

10~15cm

2 在沟槽中每隔1cm撒1粒种子。将沟槽周围的土壤拨到沟槽中，覆盖种子，再用手掌轻轻按压。

》POINT
先将种子在水里浸泡一晚再进行播种。

3 浇水时使浇水壶的莲蓬头朝上，避免种子被水冲走。

2 育苗

播种后10~15天就会发芽。待植株长到10cm高就进行间拔，并育苗至长出2~3片真叶为止。在育苗过程中，每月要施1~2次液肥或化成肥料。

1 待叶子长到10cm高时，将过于密集的植株间拔至间隔1cm左右。

2 每月施1~2次液肥。

136

3 移植幼苗

若春季播种，则在6月中旬至7月中旬进行定植；若秋季播种，则在来年3月中旬至4月中旬进行定植。挖出幼苗，注意不要伤到根部，然后将其深植于盆器中，以防止植株倒塌。也可以购买市售的幼苗进行栽培。

1 韭菜虽然容易移植，但在挖出时应注意尽量不要伤到根部。

2 在盆器中装入新的用土。

3 每隔5cm种2~3株幼苗，深度为5cm。

4 大量浇水。

4 追肥、摘除花芽

移植后1个月左右进行追肥。夏季长出花芽后，要将其摘除，以减少养分的损耗。

追肥

移植后1个月，施5g化成肥料。

摘除花芽

POINT >> 从花茎上摘除花芽。

5 采收

若春季播种，则秋季就可进行采收。采收时从距离茎底2~3cm的地方进行采摘，这样一来，等叶子长出后又可以再次采收。但是第一年秋季最好只采收一次，先让植株苗壮成长，第二年再开始多次采收。此外采收后务必要进行追肥。

1 待植株的高度超过20cm，就可从距离茎底2~3cm的地方剪下进行采收。

>> POINT 采收后务必要进行追肥。

2 采收后，施5g化成肥料，并将其轻轻混入土壤中。

白菜（迷你种）

放置场所 日照充足处

盆器大小 长盆或圆盆

大型　大型

栽培用土 叶菜类蔬菜专用混合土

膨胀蛭石
腐叶土
赤玉土

石　　灰：每10L用土使用10~20g
　　　　　石灰
化成肥料：每10L用土使用10~20g
　　　　　化成肥料

栽培月历

1　2　3　4　5　6　7　8　9　10　11　12

　移植幼苗　　　采收

栽培重点

🍃 若在盆器中栽培的植株数量较多，则购买市售的幼苗会比较方便。

🍃 推荐栽培时间短、容易栽培的早生种和迷你种。

🍃 由于白菜的病虫害较多，因此要盖上防寒纱。

🍃 适时追肥，直到结球前都要避免缺肥，加强管理。

1 移植幼苗

若移植时伤到根团，会延缓植株扎根的速度，进而影响其生长发育。从育苗软盆中取出已长出4~5片真叶且叶片完全张开的幼苗，注意不要伤到根团。移植时，注意要使土壤表面与根团上表面同高。

① 装入用土，并预留浇水空间。

② 每隔20~30cm挖1个稍大于根团的洞。

20~30cm　20~30cm

③ 将土壤推向茎底，用手轻轻按压，固定幼苗。

④ 大量浇水。

覆盖防寒纱前要先确认叶片是否有虫害。

弯曲支架并将其插进盆器，盖上防寒纱后，再用晾衣夹进行固定。

支架

防寒纱

晾衣夹

2 覆盖防寒纱

由于白菜容易受到夜蛾、蚜虫、青虫、小菜蛾等害虫的侵袭，因此移植后需架设隧道状的防寒纱，以减少虫害。

3 追肥、增土

从移植后2周，一直到开始结球为止，都要进行追肥，防止缺肥。若施化成肥料，1次；若施液肥，则1周施1次，同时进行浇水。施肥后还要进行增土。

1 待长出 8~9 片真叶后开始追肥。每周施 1 次液肥即可。

第一次追肥

2 开始结球时，给每株植株施 3g 左右化成肥料，并将其轻轻混入土壤中。

第二次追肥

增土

4 采收

迷你种差不多移植30天后即可采收。用手按压球头，若觉得硬实，说明已经进入采收的最佳时期了。

将结成的球稍微倾斜，再将菜刀伸到茎底进行切除。

青葱

放置场所 日照充足处

盆器大小 长盆或圆盆

标准　大型

栽培用土 叶菜类蔬菜专用混合土

膨胀蛭石
腐叶土
赤玉土

石　灰：每10L用土使用10~20g
　　　　石灰
化成肥料：每10L用土使用10~20g
　　　　化成肥料

栽培月历

1　2　3　4　5　6　7　8　9　10　11　12

移植幼苗　　采收

栽培重点

🌱 青葱耐热，属于春夏季都可以种植的蔬菜，
特别方便。

🌱 采摘时保留一些茎部，就可以在一年内采
收多次。

🌱 若要增加分株的数量、提高收成，就要把
幼苗放在通风较好的地方1~2周，或直接
购买干燥的市售幼苗。

140

虽然青葱在春夏季都可以播种，但由于育苗需要60~75天，因此，在盆器中少量栽培时，购买市售的幼苗会比较方便。此外，移植时购买的干燥幼苗可分成很多株，可以增加收成。

1 移植幼苗

1 在盆器底部铺一层盆底石。

2 在盆底石上装入用土，并预留浇水空间。

》POINT
分株时两边的粗细和长短程度应尽量保持一致。

3 从育苗软盆中取出幼苗。

4 以每2株为1组，每隔5cm平铺在斜对角处。

5cm

5 用手指戳洞，将幼苗插入土中，深度为5cm。

6 浇水时先让水流过手掌，减缓水流速度。

待植株长到 15cm 左右，就在盆器各处撒 5g 化成肥料，并将其轻轻混入土壤中。

2 追肥

待植株长到15cm左右，就在盆器各处施化成肥料，并将其轻轻混入土壤中。在采收前必须每月追肥1次，以防缺肥。

3 采收

采收时可连根拔起

2个月左右

移植后2个月左右即可采收。一般从大棵植株开始依序采收，但由于青葱无法久放，建议仅采收所需的量。采收时可以连根拔起，或从茎底上方一点儿的位置直接切下。采收后需进行追肥。

剪切采收

1 待植株长到 30cm 后，从距离茎底 3cm 的地方剪下。

采摘后又长出的新叶

2 采收所需的量之后再施液肥，待新叶长出后就可再次采收。

好处多

青葱的再生

将在超市里购买的青葱的根部上方 5~6cm 处切下，种植在盆器里，过 1 个月左右就可采收。

1

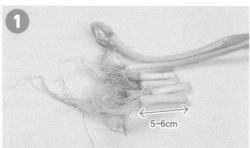

5~6cm

从带根的青葱（小葱）的根部上方 5~6cm 处切下。

2

4~5cm

在盆器里装入培养土，将切下的葱段种在斜对角处，彼此间隔 4~5cm。

3

待切口处冒出新芽后，每 2 周施一次液肥用以代替浇水。

4

移植后 1 个月左右，便可采收再次长出的葱。

5

一边施液肥一边继续栽培，待植株长到 40~50cm 后便可连根拔起进行采收。

荷兰芹

放置场所 日照充足处或半日阴处

盆器大小 长盆或圆盆

标准　标准

栽培用土 叶菜类蔬菜专用混合土

膨胀蛭石
腐叶土
赤玉土

石　　灰：每 10L 用土使用 10~20g 石灰
化成肥料：每 10L 用土使用 10~20g 化成肥料

栽培月历

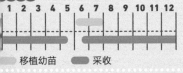

1 2 3 4 5 6 7 8 9 10 11 12

移植幼苗　　采收

栽培重点

- 由于荷兰芹的采收期较长，因此种在盆器里的话，想要使用时就会比较方便。
- 荷兰芹属直根性植物，待幼苗长出 3~4 片真叶后就可进行定植，注意不要破坏根团。
- 夏季需放在通风良好的半日阴处，冬季则需放在 5℃ 以上的温暖处。
- 在抽薹开花之前都可采收，需每周施 1 次液肥。

1 管理 移植幼苗、

由于荷兰芹不易发芽，且育苗时间较长，因此，栽培市售的幼苗，会比较方便。移植时注意不要破坏根团。由于荷兰芹的采收期较长，因此需每周施 1 次液肥。

移植

① 装入土壤，每隔 15cm 放一个育苗软盆，并调整其高度。

≫ **POINT**

从育苗软盆中取出幼苗，注意不要破坏根团。

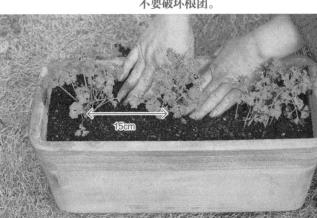

15cm

② 增土直到与根团上表面同高，用手轻轻按压茎底土壤后再大量浇水。

追肥

③ 由于生长期较长，因此，用每周施 1 次液肥取代浇水。

2 采收

从下叶开始采收。一般情况下，需保留 8 片叶子，才不会导致植株衰弱，这一点要十分注意。采收后要继续追肥，促使植株长出新的叶子。

长出 13 片真叶后，就可以

连同叶柄一起采收 5 片下叶。

西蓝花

放置场所 日照充足处

盆器大小 长盆或圆盆

大型　　大型

栽培用土 叶菜类蔬菜专用混合土

膨胀蛭石

腐叶土

赤玉土

石　　灰：每10L用土使用10~20g
石灰

化成肥料：每10L用土使用10~20g
化成肥料

栽培月历

| 1 | 2 | 3 | 4 | 5 | 6 | 7 | 8 | 9 | 10 | 11 | 12 |

■ 移植幼苗　　■ 采收

栽培重点

🍃 由于西蓝花偏好凉爽的气候，花蕾长大后不耐高温，因此最好栽培秋季就能采收的品种。

🍃 栽培数量较少时，购买市售的幼苗会比较方便。

🍃 由于西蓝花虫害多，因此需经常驱虫。最好趁幼苗还小时就架设防虫网。

144

1 移植幼苗

虽然也可以直接播种，但栽培市售的幼苗会比较方便。挑选已长出4~6片真叶、茎粗且叶色深、无虫害的健康幼苗。移植时进行浅栽即可。

① 装入用土，并在盆器上方预留3~5cm高的浇水空间。

② 每隔15~20cm，挖1个稍大于根团的洞，再从育苗软盆中取出幼苗种在洞中，注意不要破坏根团。

15~20cm

③ 用手轻轻按压茎底土壤表面。

《POINT
暂立支架。

趁幼苗还小时，暂立2根支架支撑幼苗。

④ 大量浇水。

3 采收

当花蕾形状分明、直径达到10~12cm时，就可以进行采收。若花蕾间产生缝隙，整体形状松散，味道也会变差，因此需趁花蕾实时进行采收。由于花蕾很快长大，因此，千万不要错失采收的最佳时期。若是侧花蕾也可采收的品种，则在采摘完顶花蕾后需施加液肥，以促进侧花蕾的生长。

趁花蕾硬实时，连同下方的茎部一起剪下。

采收顶花蕾施液肥，以促进侧花蕾的生长。

≫POINT

当侧花蕾的直径达3~5cm时可进行采收。

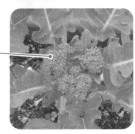

2 增土、追肥

为了防止缺肥，需进行追肥。移植后15~20天，每3周施1次化成肥料，并将其轻轻混入土壤中，然后推向茎底。若施液肥，则1周施1次，以取代浇水。结出花蕾后施最后一次肥，并添加因浇水流失的土壤。

1 移植后15~20天，在植株周围撒10g化成肥料，之后每3周追肥1次。

追肥

2 将肥料轻轻混入土壤中，再推向茎底。

推土

3 结出花蕾后，就要在远离植株的地方撒10g化成肥料，并添加新土。

追肥、增土

遇到这种情况怎么办？

叶子变黄！被虫咬了？

用镊子清除蚜虫。

泛黄的下叶容易引发疾病，必须尽快清除。

纹白蝶的幼虫、青虫或小菜蛾不仅会吃叶子，有时也会吃花蕾。最好每天观察，一发现害虫就立即捕杀。此外，开始泛黄的下叶容易引发疾病，不能放任不管，必须尽快将其清除。

菠菜

放置场所 日照充足处或半日阴处

盆器大小 长盆或圆盆

标准　标准

栽培用土 叶菜类蔬菜专用混合土

膨胀蛭石
腐叶土
赤玉土

石　　灰：每10L用土使用10~20g
石灰
化成肥料：每10L用土使用10~20g
化成肥料

栽培月历

1　2　3　4　5　6　7　8　9　10　11　12

■ 播种　■ 采收

栽培重点

🍃 菠菜偏好凉爽的气候，十分耐寒，因此推荐秋季播种。若要在春季播种，则要选择不易抽薹开花的品种。

🍃 日照时间越长，菠菜越容易抽薹开花，因此，夜间不能将其放在有灯光直射的地方。

🍃 菠菜在半日阴处也能茁壮生长。

由于菠菜对酸性土较敏感，因此播种前要先中和土壤，然后在盆器里直接播种。有的品种适合春季播种，有的品种适合秋季播种，需根据品种进行选择。9月上旬的气温仍然较高，需提前将种子浸泡在水里一晚上再进行播种，这样比较容易发芽。

1 在土壤上压出2条浅浅的沟槽，彼此间隔10~15cm。

2 在沟槽中每隔1cm撒1粒种子。

间隔1cm

10~15cm

≫ POINT

覆盖一层稍厚的土壤，然后用手掌轻轻按压。

3 盖上1cm厚的土壤，用手掌轻轻按压，使土壤和种子紧密贴合

4 大量浇水，直到水从盆底流出。

2 间拔

播种后3~5天就会发芽，此时若遇到大雨，幼苗则容易倒塌，因此刚发芽时最好将盆栽放在不会淋到雨的地方。菠菜即使彼此间相隔较近，也能生长得很好，因此，只需间拔1次。但是，若想要种出较大株的菠菜，则需再间拔1次。间拔时拔下的菠菜也可以食用。

1 将长出1~2片真叶的幼苗间拔至彼此间隔3cm。

第一次间拔

2 若想要种出较大株的菠菜，可以等长出4~5片真叶时进行第二次间拔，间拔后植株的间隔为5~6cm。

第二次间拔

3 追肥

一边仔细观察菠菜的生长情况，一边施化成肥料或液肥。与土壤混合后的肥料效果会更好，因此施肥后要将肥料轻轻混入土壤中，再推向茎底。另外，由于菠菜不喜干燥，因此，发芽后每隔20天就要施1次液肥，用来代替浇水。

1 第一次间拔后，在2条沟槽间撒10g化成肥料。

第一次追肥

2 将肥料轻轻混入土壤中，再推向茎底。

推土

3 待植株长到10cm左右，就要施液肥，同时配合浇水。

第二次追肥

4 采收

播种后30~50天即可采收，一般情况下，当植株长到20cm后就可以进行采收了。采收时从大株的菠菜开始依序采收。采收时用剪刀从茎底剪下或直接连根拔起，一边间拔一边采收。若太晚采收，叶子会变硬，因此，需适时进行采收。

》POINT

一只手按压茎底土壤，另一只手直接将菠菜连根拔起。

由于叶子容易折断，因此要用一只手按住茎底土壤，另一只手直接将整棵菠菜连根拔起。

30~50天

催芽播种法

菠菜发芽的最佳温度为 15~20℃，气温太高会影响发芽。为了促进种子发芽，可以在播种前先催芽。其具体做法是先将种子放在布袋里，用水浸泡一天，待其充分吸水后再去除水分，然后放入冰箱，等冒出 1mm 左右的小白芽后再进行播种。若芽长得太长，则容易折断，必须十分注意。经过特殊处理的种子无须催芽，但由于缺少保护内部的坚硬外壳，因此直到几乎所有种子都发芽之前，必须大量浇水。

将种子装入布袋中。

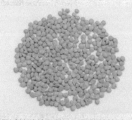

在水里浸泡一天。

待稍微冒出一点儿小白芽后就进行播种。

去除水分后放入冰箱。

经过特殊处理的、无须催芽的种子。

经过特殊处理的种子，其发芽时间几乎一致。

菠菜的品种

试着种种看

沙拉菠菜

适合生食的改良品种，无苦涩味。叶片呈直立状，叶脉不太清晰，叶色偏淡，茎细且柔软。市面上售卖的沙拉菠菜以水培为主，但也有种子售卖，因此也适合盆栽。比普通菠菜更适合密植。

阿特拉斯

由西洋品种和东洋品种杂交而成的 F1 品种。耐热，不易染病，容易栽培。最适合秋季在家庭菜园中播种栽培。

红梗菠菜

茎部呈红色，适合生食。叶片厚实，叶脉清晰，无论嫩叶还是已长至 20cm 的叶子，都十分美味。

日本菠菜

日本品种，拥有红色的根部和细长的茎叶为其主要特征。苦涩味少，焯水后能品尝出其本来的味道。

非结球芽甘蓝

放置场所 日照充足处

盆器大小 长盆或圆盆

大型　　大型

栽培用土 叶菜类蔬菜专用混合土

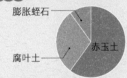

膨胀蛭石

腐叶土

赤玉土

石　　灰：每 10L 用土使用 10~20g
石灰

化成肥料：每 10L 用土使用 10~20g
化成肥料

栽培月历

1　2　3　4　5　6　7　8　9　10　11　12

移植幼苗　　采收

栽培重点

・由于栽培时间较长，需防止缺肥。

・为了能照射到阳光，需适时摘除下叶，以促进侧芽的生长。

・非结球芽甘蓝容易遭受小菜蛾、蚜虫、青虫等的侵害，因此需架设防寒纱防虫。

・待侧芽开始膨大后，需进行追肥。

1 管理
移植幼苗、管理

非结球芽甘蓝是抱子甘蓝和羽衣甘蓝杂交后产生的新品种。建议选购已长出 5~6 片真叶的健康幼苗进行移植。由于栽培时间较长，需防止缺肥。还要适时摘除下叶，以促进侧芽的生长。

① 在盆器中装入用土，每隔 20cm 种下幼苗后大量浇水。

移植

② 移植1个月后，每隔 2~3 周施 10g 化成肥料。

追肥

③ 侧芽开始生长后，摘除下叶，并添加因浇水而流失的土壤。

摘除下叶

增土

2 采收

待侧芽长到 4~5cm 后，就从下方开始依序采摘。采收后也要进行追肥，以促进侧芽的生长，这样一来，就可以持续采收 3 个月以上。

① 侧芽长到 4~5cm 后，就从底部开始采摘。

② 采收后施 10g 化成肥料。

追肥

子球洋葱

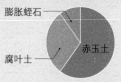
大型　大型

栽培用土 叶菜类蔬菜专用混合土

膨胀蛭石

腐叶土

赤玉土

石　　灰 每10L用土使用10~20g
石灰

化成肥料 每10L用土使用10~20g
化成肥料

栽培月历

| 1 | 2 | 3 | 4 | 5 | 6 | 7 | 8 | 9 | 10 | 11 | 12 |

移植子球　采收

栽培重点

🍃 在盆器中利用子球栽培洋葱，由于栽培时间短，易成活，年内就能采收。

🍃 移植时，要使子球的尖端露出土面，浅栽即可。

🍃 由于子球洋葱不喜潮湿，因此，不能过量浇水，同时还要适时追肥。

1 移植子球

不同于用幼苗栽培的洋葱，8月下旬用子球栽培洋葱，年内即可采收。栽培时进行浅栽，需让子球的尖端微微露出土面。此外，需注意若不在合适的季节栽培，子球洋葱容易发育不良或长不大。

1 装入用土，预留浇水空间，并铺平土壤。

2 用手指戳两排间隔15cm的洞，每个洞深1cm左右，间距为10~12cm。

10~12cm

3 将子球放入洞中，再盖上土壤，让子球的尖端微微露出土面，进行浅栽即可。然后大量浇水。

≫**POINT**
将子球的2/3埋入土中。

2 追肥

1 移植后 1 个月左右，施 10g 化成肥料，并将其轻轻混入土壤中。

第一次追肥

2 移植后 2 个月左右，再次施与第一次等量的化成肥料，并将其轻轻混入土壤中。

第二次追肥

7~10 天后子球就会发芽。比起从幼苗开始栽培的洋葱，子球洋葱需要更早进行施肥。若在 8 月下旬定植，则要在 9 月下旬和 10 月植株底部开始变大时各施 1 次肥。

3 摘除花茎

1 摘除 5~6cm 长的花茎。

2 要趁早将杂草连根拔起。

若 9—10 月移植子球，遇到低温植株就会抽薹开花。因此，要趁花茎还小时就进行摘除。杂草也要趁早拔除。

4 采收

POINT
使其充分接受日照，并进行追肥，以促进叶子生长。

握住茎底连根拔起，在通风处放置数小时进行干燥。

叶子开始倒塌时就意味着进入采收期了。使其充分接受日照，并适时施肥，就能促进叶子生长，采收个大饱满的子球洋葱。

若 8 月下旬移植子球，则 11 中旬即可采收，若 9—10 月移植子球，则要到第二年 1—3 月才能采收。待子球长到一定大小，叶子开始倒塌时，就可以选择一个晴天进行采收了。

151

用子球栽培的小洋葱

试着种种看

小洋葱的直径只有 3~4cm，又称珍珠洋葱。一般采用间距为 5cm 的密植法，栽培方法与大洋葱一样。

小洋葱

改变植株的间距，就可以种出大小不一的洋葱。

待植株长到 10~15cm，就在盆器各处撒 5g 化成肥料，并用手指将其轻轻混入土壤中。

① 装入用土，并预留浇水空间。

待茎底开始膨大，再施 5g 化成肥料。此时可以采收一些洋葱叶。

② 每隔 5cm 放一颗子球，再盖上土壤，使子球的 2/3 埋入土中。

待球根的直径长到 3~4cm，九成以上的叶子开始倒塌，就可以进行采收了。

152

从幼苗开始栽培的洋葱

洋葱很难从种子开始栽培，最好购买市售的幼苗。品质好的幼苗高 20~30cm，茎底直径为 6~7mm，太大的话容易在初春就抽薹开花，太小的话又容易受寒而枯萎或无法长大，因此，要慎重选择幼苗。挑选品质好的幼苗，之后的栽培才会比较轻松。

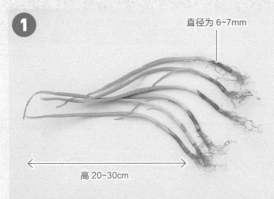

直径为 6~7mm

高 20~30cm

挑选好的幼苗最关键。

10cm

铺平用土，每隔 10cm 用手指挖 1 个洞。

2~3cm

移植的深度为 2~3cm，注意不要让绿叶被土壤掩盖。

2 月中旬和 3 月中旬各施 10g 化成肥料。

叶子倒塌后就要连根拔起进行采收。

鸭儿芹

由于鸭儿芹偏好凉爽的气候，不喜暑热和干燥的环境，因此适合在春、秋季进行播种。此外，种子发芽需要光照，因此，只需盖上一层薄薄的土壤，隐约能看到种子即可。种子发芽需要一段时间，在此期间需防止土壤变干。

放置场所
日照充足处～半日阴处

盆器大小
长盆或圆盆

标准　标准

栽培用土
叶菜类蔬菜专用混合土

膨胀蛭石
赤玉土
腐叶土

石　　灰：每10L用土使用10~20g石灰

化成肥料：每10L用土使用10~20g化成肥料

栽培月历

1	2	3	4	5	6	7	8	9	10	11	12

播种　采收

栽培重点

- 由于种子好光，因此播种后只需覆盖一层薄土。
- 由于种子发芽需要一段时间，因此需每天浇水，防止土壤变干。
- 由于鸭儿芹不耐旱，因此，夏季栽培时要将盆栽放在通风好的阴凉处。
- 为了采收2~3次，每次采收后需进行追肥，以促进植株再生。

① 装入用土，并预留浇水空间，再用细长的棍子压出2条深5mm左右的沟槽，排距为10~15cm。

② 在沟槽中每隔1cm撒1粒种子。

间隔1cm

《POINT
由于种子好光，因此只需覆盖薄薄的一层土壤。

③ 若覆盖较厚的土壤，会影响种子发芽，因此只需覆盖一层薄土。盖上土后再轻轻按压土壤表面，使土壤和种子紧密贴合。

④ 播种后，用带有莲蓬头的浇水壶大量浇水。

3 采收

无论是春季播种还是夏季播种,大约2个月后即可采收。待植株长到20cm后就可从茎底进行采收,每株可采收3次。采收后务必进行追肥,以促进新叶再生。

1 在距离茎底3cm的地方用剪刀剪下。

施肥

推土

2

采收后,在盆器各处撒10g化成肥料,并将其轻轻混入土壤中,然后再推向植株。

3 待新叶长出后,就可再次进行采收。

2 间拔、追肥

若种得稍微密集一些,叶柄就会变得更软、更美味,因此,可通过2次间拔最终使植株的间距保持在5cm左右。第二次间拔后开始追肥,每隔7~10天施1次液肥;若施化成肥料,则每月施1次,施肥时在盆器各处撒10g化成肥料即可。此外,每次采收后都要进行追肥,以促进新芽生长。若植株抽薹开花的话,叶子会变得不好吃,因此要尽早摘除花茎。

1 待长出真叶后,间拔至间隔3cm。

第一次间拔

2 待长出3~4片真叶后,间拔至间隔5cm。

第二次间拔

3 间拔后需施液肥,之后每隔7~10天施1次液肥代替浇水。

追肥

抱子甘蓝

放置场所 日照充足处～半日阴处

盆器大小 长盆或圆盆

大型　　大型

栽培用土 叶菜类蔬菜专用混合土

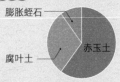

膨胀蛭石

腐叶土　　赤玉土

石　　灰：每10L用土使用10~20g
石灰

化成肥料：每10L用土使用10~20g
化成肥料

栽培月历

| 1 | 2 | 3 | 4 | 5 | 6 | 7 | 8 | 9 | 10 | 11 | 12 |

移植幼苗　　采收

栽培重点

🍃 从下叶开始依序采摘，可确保侧芽充分接受日照，以促进结球生长。同时需保留顶部的10片叶子。

🍃 栽培时间较长，需避免缺肥。

🍃 抱子甘蓝偏好凉爽的气候，在低温环境下结球情况较好。

1 移植幼苗

由于育苗时的温度管理较难，因此购入市售的幼苗进行栽培会比较方便。挑选已长出5~7片真叶、无病虫害的健康幼苗，种在10号盆器中，1盆1株，进行浅栽即可。

❶ 装入用土，并预留浇水空间，再挖一个稍大于根团的洞。

❷ 用指缝夹住幼苗，将其从育苗软盆中取出，注意不要破坏根团。移植幼苗后周围的土壤覆盖，再用手轻轻按压茎底土壤。

❸ 大量浇水，并架设支架。

2 追肥、增土

由于抱子甘蓝的生长期较长，因此移植后1个月需每月追肥1次，以免缺肥。

第一次追肥

待长出10片真叶后就施10g化成肥料，并将其轻轻混入土壤中。追肥后务必添加因浇水而流失的土壤。

增土

第二次追肥

第一次追肥 1 个月后进行第二次追肥，施与第一次等量的化成肥料。趁幼苗还小时，将肥料直接撒在茎底。待植株长大后，施肥时则需使肥料稍微远离植株，并将肥料轻轻混入土壤中，注意不要伤到根部。

摘除下叶后，沿着盆器边缘撒10g化成肥料，并将其轻轻混入土壤中。

4 采收

待芽球长得又圆又结实，且直径为3cm 左右时，即可采收。若精心栽培的话，有时可连续采收 2 个月。

植株从下往上依次结芽球。

待芽球变硬实后，就用剪刀剪下或用手直接掰下。

约3个月

---

3 摘叶、摘芽

待植株开始结球后，为了促进结球生长，必须摘除下叶，以确保良好的日照和通风。同时，也要摘除下方芽球。

❥POINT

摘除叶片，为结球生长预留空间。

下叶

① 摘除下叶，确保幼芽能够充分接受日照。

② 开始结球后要摘除叶片，仅保留顶部的 10 片叶子。

趁早摘除

③ 趁早摘除距离茎底 10 节处形状不佳的芽球。

长叶莴苣

放置场所 日照充足处

盆器大小 长盆

标准

栽培用土 叶菜类蔬菜专用混合土

- 膨胀蛭石
- 腐叶土
- 赤玉土

石　　　灰：每 10L 用土使用 10~20g
　　　　　　石灰
化成肥料：每 10L 用土使用 10~20g
　　　　　　化成肥料

栽培月历

1 2 3 4 5 6 7 8 9 10 11 12

　移植幼苗　　　采收

栽培重点

- 长叶莴苣亦称直立莴苣，是呈纺锤形结球的直立型品种，比结球莴苣更耐热耐寒，更易栽培。

- 与其他莴苣一样，长叶莴苣偏好凉爽的气候，春、秋季为最佳栽培期。

- 随着白昼变长，气温升高，长叶莴苣会抽薹开花，变得不好吃。因此，要尽早采收。

虽然长叶莴苣也可以直播栽培，但是购买市售的幼苗更方便栽培。挑选已长出 4~5 片真叶、叶片坚挺的健康幼苗。

1 移植幼苗

1 在盆底铺设盆底网，并铺上一层盆底石。

2 装入培养土，并预留 2cm 高的浇水空间。

3 取出幼苗植入，注意不要破坏根团。移植时每株植株应间隔 20~25cm。

4 挖几个稍大于根团的洞。

5 朝洞内大量浇水。

6 移植后将周围的土壤推向洞内，然后用手轻轻按压茎底土壤。

7 移植后大量浇水。

2 追肥

移植后1~2周，待中心直立的叶子尖端卷起时，就开始进行第二次追肥。此外，由于长叶莴苣不耐旱，因此，若出现干燥现象要立即浇水。

1

移植后1~2周，在茎底撒3~5g化成肥料，并将其轻轻混入土壤中，然后浇水。

第一次追肥

2

待中心直立的叶子尖端卷起时，进行第二次追肥。

第二次追肥

3

在茎底撒3~5g化成肥料。

4

用移植铲将肥料混入土壤中。

3 摘除枯叶

枯叶容易成为害虫的温床，应尽早摘除。

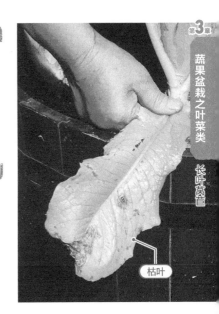

枯叶

4 采收

移植后50~60天即可采收。待植株长到20~30cm，呈半结球状态时，就进入采收的最佳时期了。采收时从靠近土面的部分开始。在结球前，若下叶已经长得很大，也可进行采收。

1

在结球前也可采收已经长大的下叶，这样的下叶适合煸炒。

采收

2

植株呈半结球状态时，就要从靠近土面的部分开始采收。

散叶莴苣

放置场所 日照充足处

盆器大小 长盆或圆盆

标准　标准

栽培用土 叶菜类蔬菜专用混合土

膨胀蛭石
腐叶土
赤玉土

石　　灰 每10L用土使用10~20g
　　　　　石灰
化成肥料 每10L用土使用10~20g
　　　　　化成肥料

栽培月历

1	2	3	4	5	6	7	8	9	10	11	12

移植幼苗　　采收

栽培重点

- 与结球莴苣相比，散叶莴苣的生长期较短，更容易栽培。
- 购买市售幼苗会比较方便。散叶莴苣有绿色系和红色系品种，混栽也很有趣。
- 虽然散叶莴苣仅靠基肥就可茁壮成长，但若叶片较薄，或想要分批采收，则要进行追肥。

160

1 移植幼苗

虽然也可以直播栽培，但栽培市售的幼苗会比较方便。挑选已长出4~5片真叶的幼苗进行浅栽，注意不要破坏根团。在盆器的底部铺大粒赤玉土，可增强排水性。

1 放上盆底网。

盆底网

2 在盆器底部铺一层大粒赤玉土，再装入土壤至七分满。

赤玉土

培养土

》POINT
铺平用土。

3 将红色系和绿色系品种连同育苗软盆一起放入大型盆器中，确认整体的平衡感。

4 从育苗软盆中取出幼苗，放在用土上，注意不要伤到根部。

6 为了避免幼苗倒塌，浇水时先让水流过手掌，减缓水流速度。

5 在幼苗和幼苗之间小心倒入用土，注意不要覆盖太厚。抬起盆栽轻轻摇晃，使土壤变得平整，再用手轻轻按压茎底土壤。

2 追肥

由于散叶莴苣的生长期较短，因此一般无须追肥，但若叶片的颜色变浅，则需用施液肥代替浇水。此外，移植幼苗后2周，当叶片开始生长时，需在每株植株的茎底施5g化成肥料，将肥料混入土壤中后推向植株，然后浇水。这样肥料就能充分渗入土中，效果更佳。

≫ POINT

施肥促进叶片生长。

施稀释过的液肥代替浇水。

栽培提示 **利用多余的种子栽种嫩叶莴苣**

许多叶菜类蔬菜的嫩叶都可以食用。市面上也有卖一种名为"综合嫩叶沙拉"的混合种子，但其实只要将剩余的茼蒿、小松菜、芜菁、芝麻菜、京菜等种子和散叶莴苣的种子混合在一起栽种，3周后就可以采收了。没采收完的还可以继续栽培长大。

3 采收

待叶片长到25cm左右，就从茎底切下进行采收。若从外叶开始只采收所需的量，就可以长时间体会采收的乐趣。每次每株大约可以采收3~4片叶片。采收后要进行追肥。

25cm
左右

整株采收。用剪刀或菜刀从茎底切下。

分批采收。因为不会结球，所以可从外叶开始一片一片地进行采收。

色彩缤纷的散叶莴苣

除了绿叶外，还有叶尖呈红色、整叶全红、叶片呈褶皱状的品种。不管是颜色还是形状，各个品种的散叶莴苣都富于变化，将几种散叶莴苣进行混栽，也饶有趣味。市面上也有售卖一种名为"花园混栽莴苣"的种子，便于将不同颜色、形状的散叶莴苣混栽。只要一边间拔一边栽培，待其稍大一些即可采收。若在盆器中栽培，还能为阳台和餐桌增色不少。

混栽的散叶莴苣，间拔时摘下的叶子可做成沙拉食用。

在窗边摆放的色彩缤纷的混栽散叶莴苣。

长蒴黄麻

放置场所　日照充足处

盆器大小　长盆或圆盆

大型　　**大型**

栽培用土　叶菜类蔬菜专用混合土

膨胀蛭石

腐叶土

赤玉土

石　　灰：每 10L 用土使用 10~20g 石灰

化成肥料：每 10L 用土使用 10~20g 化成肥料

栽培月历

1	2	3	4	5	6	7	8	9	10	11	12

■ 移植幼苗　■ 采收

栽培重点

- 若要在盆器中多种几株，则购买市售的幼苗会比较方便。
- 由于长蒴黄麻不耐旱，缺水时叶子就会变硬，因此，夏季要早晚各浇 1 次水。
- 一边适时摘心一边采收，以促进侧芽生长，将植株维持在一定的高度。

1 管理 移植幼苗、

若想在盆器中多种几株，选购已长出 5 片左右真叶的幼苗会比较方便。植株长大后需立支架。由于长蒴黄麻不耐旱，因此若土壤变干，就要大量浇水，且每周用施 1 次液肥代替浇水，效果更佳。

① 将育苗软盆中的幼苗一株株小心分开，注意不要伤到根部。

移植

② 每隔 25~30cm 种下幼苗，轻轻按压茎底部土壤，大量浇水。

25~30cm

③ 待侧芽长出，植株长大后，需立支架。

立支架

④ 移植后 2 周左右，每周施一次液肥。

追肥

2 采收

待植株长到 30cm 左右，就要采收茎部的前端。一边摘心一边采收会促进侧芽不断生长，若不保留 3~4 片叶子就无法长出侧芽，这一点要十分注意。此外，采收后务必进行追肥。

① 在距离前端 10~15cm 的地方剪下。

10~15cm

② 施液肥，为下次采收做准备。

追肥

种子有毒！

长蒴黄麻开花后会长出细长的豆荚，而豆荚中的种子含有毒性，因此开花后需立即采收。

长蒴黄麻开花后会长出豆荚。

种子含有毒性，切勿食用。

163

芝麻菜

放置场所 日照充足处

盆器大小 长盆或圆盆

标准　标准

栽培用土 叶菜类蔬菜专用混合土

膨胀蛭石
腐叶土
赤玉土

石　　灰：每10L用土使用10~20g
石灰
化成肥料：每10L用土使用10~20g
化成肥料

栽培月历

1	2	3	4	5	6	7	8	9	10	11	12

■ 播种　■ 采收

栽培重点

🍃 除了盛夏和严冬，其余时间皆可栽培，选择天气凉爽的季节栽培更不易失败。

🍃 虽然从外叶进行采摘可以长时间享受收获的乐趣，但春季播种容易抽薹开花，因此最好趁早采摘幼苗。

🍃 必须切实进行间拔和追肥，采收后也务必要进行追肥。

---

1 播种

若白昼变长，芝麻菜就会抽薹开花，因此，建议在秋季播种。在盆器中采用条播法播种，直到发芽前都要注意防止土壤变干。

1 装入用土，并预留浇水空间。

10cm

2 用棍子压出2条深1cm的沟槽，排距为10cm。在沟槽中每隔1cm撒1粒种子。

3 覆盖土壤，稍微盖住种子即可。用手轻轻按压，使种子和土壤紧密贴合。

4 用带有莲蓬头的浇水壶大量浇水。

芝麻菜的花和花蕾都可以用来做沙拉或放入汤中。

2 间拔、追肥

芝麻菜发芽需要5~7天。在整个栽培过程中需进行2次间拔和1次追肥。第一次间拔在种子几乎全都发芽后进行，第二次间拔在播种后2周左右进行。第二次间拔后需进行追肥。此次间拔得到的芝麻菜虽然较小，但口感微辣，且带有芝麻香气，适合食用。

第一次间拔

① 待长出子叶时，要用剪刀剪掉形状欠佳、生长状况不良的幼苗，保留形状良好的幼苗，间拔至间距为2~3cm。

2~3cm

第二次间拔

② 待长出4~5片真叶后就进行第二次间拔。间拔至间距为4~5cm。

③ 第二次间拔后用施液肥取代浇水。

3 摘蕾

开花后叶子会变硬，所以为了能长期采收，要尽早摘除花蕾。

≫POINT

为了采收柔软的叶子，需进行摘蕾。

4 采收

待植株长到15cm左右，就进入了真正的采收期。可以从外叶开始依序采摘，或从茎底直接剪下。由于采下的芝麻菜的新鲜度容易降低，因此采收所需的量即可。

用剪刀从茎底剪下所需的量。

15cm 左右

从外叶开始采收并追肥，便可长时间进行采收。

若芝麻叶长得太大，就会变硬，因此要十分注意。从外叶开始分批采收时，每次每株需保留2~3片叶子。

分葱

1 管理 移植种球、

1 铺平用土。每隔5~6cm 种 1 粒种球，种成 2 排，排距为 10cm。将种球的尖端朝上，浅栽即可。

间隔5~6cm
10cm

2 添加用土，使种球的尖端稍微露出土面即可。然后大量浇水。

≫POINT
每周施 1 次液肥，效果更佳。

3 待植株长到10cm左右，每月施 2 次化成肥料，若施液肥，则每周施 1 次即可。

2 采收

15cm左右

1 在距离茎底 3~4cm 的地方剪下进行采收。

施肥

2 采收后施10g化成肥料，以促进新叶生长。

待新叶长出可再次进行采收。

放置场所 日照充足处

盆器大小 长盆或圆盆

标准　标准

栽培用土 叶菜类蔬菜专用混合土

膨胀蛭石
赤玉土
腐叶土

石　灰：每 10L 用土使用10~20g 石灰
化成肥料：每 10L 用土使用10~20g 化成肥料

栽培月历

1 2 3 4 5 6 7 8 9 10 11 12
　　　　　　　　　　　　（第一年）
　　（第二年）

移植种球　采收

栽培重点

🌿 分葱是青葱和火葱的杂交品种，栽培时要进行分株，并且要防止开花。

🌿 移植种球适合在秋天进行，种 1 次可栽培2~3年。

🌿 若环境过于潮湿，会影响分葱的生长，因此要防止过量浇水。

🌿 由于分葱的采收期较长，因此要注意防止缺肥。

第 **4** 章

蔬果盆栽之

根菜类

迷你牛蒡

放置场所 日照充足处

盆器大小 长盆或圆盆

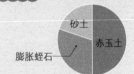

大型 ／ 大型深底

※ 亦可在袋中栽培

栽培用土 根菜类蔬菜专用混合土

砂土 ／ 赤玉土 ／ 膨胀蛭石

石　灰：每 10L 用土约使用 10g 石灰
化成肥料：每 10L 用土约使用 20g 化成肥料

栽培月历

1	2	3	4	5	6	7	8	9	10	11	12

■ 播种　■ 采收

栽培重点

🍃 迷你牛蒡偏好温暖的气候，生长的最佳温度为 20~25℃。

🍃 栽培根长为 40cm 左右的沙拉牛蒡和可食用叶子、根部的叶用牛蒡时，要确保肥料袋子和盆器的深度足够。

🍃 由于种子好光，只需覆盖一层薄土，并且需进行间拔，保证植株的间距。

---

1 播种

迷你牛蒡在春季和秋季皆可播种。由于迷你牛蒡属直根性植物，因此可直接播种。先将种子在水里浸泡一晚再播种，然后用土壤稍微盖住种子，待种子发芽。

❶ 装入用土，并预留 2~3cm 高的浇水空间。

✖POINT
即使是迷你牛蒡，根还是很长，因此要选择深底盆器。

❷ 在盆器中央以 1cm 为间隔进行播种。

❸ 由于种子好光，必须用筛网在种子上薄薄地覆盖一层 1cm 左右厚的土壤。

❹ 轻轻按压土壤表面，使种子与土壤紧密贴合。小心浇水，注意不要把种子冲走。

迷你牛蒡

2 间拔、追肥

种子发芽后需要 1~2 周的时间，在此期间要防止土壤变干。种子发芽后需进行 2~3 次间拔，使植株保持适当的间距。间拔后要进行追肥，轻轻将肥料混入土壤中，以促进根部的生长。间拔后要进行追肥，轻轻将肥料混入土壤中，并推向茎底，以防植株倒塌。

① 子叶张开后，为了避免叶片彼此触碰，要在植株密集之处进行间拔。

第一次间拔

② 在稍微远离植株的地方施 10g 化成肥料。轻轻将肥料混入土壤中，并推向茎底。

追肥、推土

③ 待长出 2~3 片真叶后，间拔至间距为 10cm 左右。

第二次间拔

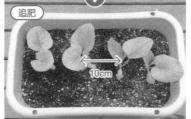

追肥

10cm

间拔后施与第一次间拔时等量的肥料。

3 采收

迷你牛蒡播种后 70~100 天即可采收。普通牛蒡需等根部直径长到 2cm 左右才能进行采收，但沙拉牛蒡等短根品种只需等根部直径长到 1~1.5cm 即可采收。尽早采收，迷你牛蒡会更美味鲜嫩，还可生食。

70~
100天

待根部直径长到 1cm 后，握住叶柄连根拔起进行采收。

里芋

放置场所 日照充足处

盆器大小 圆盆

大型 深底 ※ 亦可在袋中栽培

栽培用土 根菜类蔬菜专用混合土

砂土
腐叶土　赤玉土
堆肥

石　灰：每 10L 用土约使用 10g 石灰
化成肥料：每 10L 用土约使用 20g 化成
　　　　　肥料

栽培月历

1　2　3　4　5　6　7　8　9　10　11　12

　移植子芋　　　采收

栽培重点

🍃 里芋不耐旱，一旦枯萎就很难救活。夏季
　最好铺设稻草，并勤浇水，防止土壤变干。

🍃 使子芋的发芽处朝上，通过浅栽促进发芽。

🍃 盆栽时需进行追肥和增土，要在 6—7 月分
　2 次进行，但每次不要加太多土壤。

1 移植子芋

挑选饱满且没有损伤的子芋，种在 15 号盆器或肥料袋中。由于在里芽生长过程中需进行增土，因此，应在盆器上端预留约 10cm 高的空间。

1 装入用土，并预留增土空间。

2 在盆器中央放入子芋，并使发芽处朝上。

☆POINT
使子芋的发芽处朝上，
浅栽即可。

覆盖约 5cm 厚的土壤。

5cm 左右

3 切勿种得太深。在子芋上覆盖约
5cm 厚的土壤，然后大量浇水。

2 追肥、增土

待发芽和长出子叶后就开始追肥。由于盆器的高度有限，因此只需增土2次，6月和7月每月1次，每次增土5cm左右。同时，进行增土以促进里芋和长出子叶生长。

1 等6月植株长到10~15cm后，就在植株周围施5g化成肥料。

第一次追肥

2 在化成肥料上覆盖5cm左右厚的新土壤。

增土

3 等7月植株长到30cm以上时，就施与第一次追肥等量的化成肥料，同样也覆盖5cm左右厚的新土壤。

第一次追肥

增土

≫POINT
在植株旁架设牢固的支架。

3 铺设稻草

里芋特别不耐旱，夏季应铺设稻草并大量浇水，防止叶子干枯。不过，若让盆栽长期浸泡在水里的话，易伤到根部，这一点要十分注意。

1 第二次增土后，铺设稻草。

稻草

2 每天从稻草上方大量浇水。

4 采收

叶子开始枯萎时就进入了收获的最佳时期。选择天气晴朗的日子，将植株连根挖起，一边除去土壤，一边将母芋和子芋分开。

切下茎后，用移植铲挖出植株，将母芋和子芋分开。

母芋

子芋

171

番薯

放置场所 日照充足处

盆器大小 长盆或圆盆

| 大型 | 大型深底 |

※ 亦可在袋中栽培

栽培用土 根菜类蔬菜专用混合土

膨胀蛭石
腐叶土　赤玉土
堆肥

化成肥料：每 10L 用土约使用 20g 化成肥料

栽培月历

1 2 3 4 5 6 7 8 9 10 11 12

　移植幼苗　　　采收

栽培重点

🌱 番薯偏好酸性土壤，因此土壤中无须加入石灰，但需要钾肥，因此建议混入草木灰。

🌱 待土面以上部分长大后，为促进土面以下的番薯生长，需增土 2 次。

🌱 一般无须追肥，但若在生长过程中发现叶片泛黄，则需施化成肥料或稀释的液肥。

172

---

1 剪下插穗

市面上有出售无病毒的幼苗。将幼苗移植到盆器中，待藤蔓长长后截取一段插穗。由于插穗没有受到病毒的感染，因此，可以收获个大味美的番薯。

① 每隔 15~20cm 种 1 株幼苗，再用手轻轻按压茎底土壤。

15~20cm

② POINT
幼苗必须大量浇水。

② 移植后大量浇水。

③ 长出藤蔓和 4~5 片叶子后，截下20cm 左右的藤蔓。

20cm

---

2 移植插穗

温度越高，番薯的生长状况越好。因此，若无迟霜的顾虑，就可移植插穗。插穗的移植方法有许多种，当插穗的长度较短且真叶的数量较少时，最好将其倾斜插入土中约 3cm 深。

将距离茎底的 3 节全部埋入土中，让叶子露出土面。

进行摘心以促进侧芽生长。

移植到盆器中，待长出 4~5 片真叶后将其剪下作为插穗。

25~30cm

水平种植

适合已长出 7~8 片真叶的插穗。

20cm

倾斜种植

适合真叶数量较少的矮小插穗。

3 追肥、增土、

随着气温升高，番薯的生长也越来越旺盛。为了促进番薯生长，在梅雨季节要进行 2 次增土。虽然无须追肥，但若在生长过程中发现叶片泛黄，需施加少量化成肥料或稀释的液肥。

① 从长出新根到完全扎根前，要注意防止土壤变干。

② 让番薯的藤蔓垂到阳台栏杆外，以防中途长出新根。此外，充分的日照还能促使叶片长得更加茂密。

③ 待土面以上的部分长长后，要趁梅雨季节进行增土，以促进番薯长大。

增土

④ 当发现叶片泛黄，生长情况不好时，可施液肥。

追肥

4 采收

① 在距离地面 15cm 左右的地方剪下藤蔓。

② 用移植铲挖开土壤，看到番薯后再抓住藤蔓，用力拔起进行采收。

灯笼状支架

番薯和牵牛花一样，可架设灯笼状支架进行栽培。但是因为番薯的藤蔓不会自己攀爬，所以必须适时进行牵引。

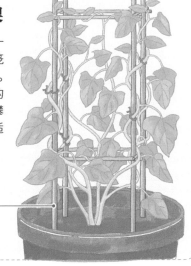

马铃薯

放置场所 日照充足处

盆器大小 长盆或圆盆

大型　　大型深底　　※ 亦可在袋中栽培（p177）

栽培用土 根菜类蔬菜专用混合土

砂土
膨胀蛭石
赤玉土

石　灰：每 10L 用土约使用 10g 石灰
化成肥料：每 10L 用土约使用 20g 化成肥料

栽培月历

1　2　3　4　5　6　7　8　9　10　11　12

　移植种薯　　　　采收

栽培重点

🍃 因为马铃薯的生长位置要高于种薯，所以移植时要先装入少量用土，之后再进行增土。若添加的土壤不够，则新长出的马铃薯就会露出土面，这一点要注意。

🍃 由于马铃薯在生长初期需要适当的水分，因此用盆器栽培时需注意浇水。马铃薯在生长后期则偏好干燥的环境。

1 准备种薯

由于马铃薯会通过种薯感染病毒，因此，一定要选购检查合格的专用种薯。此外，由于1颗种薯会同时长出许多芽，应将其纵切，平均分配芽数。在切口处涂上硅酸盐白土后即可移植。

1 切掉长了很多芽的顶部。

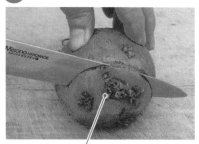

☆POINT
因为盆栽中能够种植的芽数有限，所以要先切除顶端芽多的部分。

2 将马铃薯纵向切成 2 块，平均分配芽数。

3 在切口处涂上硅酸盐白土。若无硅酸盐白土，就将其放置半天，使切口干燥。

硅酸盐白土

2 移植种薯

由于马铃薯在栽培过程中需进行增土，因此在移植种薯时，先在盆器中少装一些土，预留一些空间用来增土。将切成 2 块的种薯放在土上，注意要使切口朝下。

1 在盆器中装入一半左右的培养土，再将种薯切口朝下放在土壤上，间距为 20cm。

20cm

2 在种薯上覆盖 5~6cm 厚的土壤，然后大量浇水。

3 摘芽、追肥、增土

移植种薯后 1 个月左右，新芽就会长到 10cm 以上。从几株新芽中挑选 1~2 株生长状况良好的保留，其余全部摘除。摘芽后需进行追肥，并添加新土，打造马铃薯生长的空间。待花蕾长出后，也要进行追肥和增土。

1 保留 1~2 株健壮的新芽，其余全部摘除。

摘芽

2 在每株植株周围均匀施 10g 化成肥料，增加 10cm 厚的新土。

追肥

增土

3 待花蕾长出后，和摘芽后一样施 10g 化成肥料，并进行增土。

增土

4 采收

花谢之后，马铃薯的茎叶就会开始变黄，此时正是收获的最佳时期。太迟采收的话，马铃薯容易腐烂，或者表皮会变得不光滑，这一点要十分注意。此外，雨天采收的马铃薯不易保存，最好选择已经持续 2~3 天放晴的时间进行采收。挖出来的马铃薯要先放置 2~3 小时，待表皮干燥后再进行保存。

握紧植株，将其连根拔起后，仔细确认土壤中是否还有残留的马铃薯。

栽培提示 使用耐热品种，栽培秋季马铃薯吧

在气候温暖之处，若 8 月下旬至 9 月上旬种植，11—12 月即可采收。可选择"出岛""红色安第斯""西丰"等耐热品种。由于种薯切开后易腐烂，因此可挑选小块的种薯直接进行栽培。

用大袋子栽培马铃薯

装土壤或肥料的大袋子也可用来栽培马铃薯。试着感受在阳台上利用一块块小种薯培养出大马铃薯的过程吧。与在盆器中栽培一样，中途需进行增土。

将袋子折至 2/3 左右的高度，填入土壤。

小种薯无须切开就可直接放在土上，覆盖 5~6cm 厚的土壤，然后大量浇水。

待植株长到 10cm 左右，就进行摘芽，保留 1~2 株健壮的新芽。

在用土中混入 30g 化成肥料或加入一把马铃薯专用的有机混合肥料。

将袋子稍微往上折一点儿，再添加 10cm 左右的混合了肥料的土壤，以防马铃薯绿化。

开花后进行第二次增土。将袋子再往上折一点儿，在茎底添加混合了肥料的土壤。

茎部开始枯萎后，就握紧植株，将其连根拔起。虽然马铃薯的生长位置通常较靠近土面，但还是要确认土壤里是否还有残留的马铃薯。

马铃薯的品种

佩奇卡

紫皮，但芽处长有红色斑点，带有甜味，不易煮烂。

安第斯红

春、秋季皆可栽培的红皮品种。黄色的切口处略带红色。属粉质系，富含胡萝卜素，适合做可乐饼和土豆沙拉。

北方红宝石

外观呈椭圆形，内外皆为粉色。口感较黏，即使加热也不易褪色。容易栽培，适合家庭盆栽。

洞爷

也叫"黄爵"，外观呈球形，芽浅，易削皮。果肉呈黄色。口感较黏，适合炖煮，不适合油炸。

北明

由男爵薯培育而成的新品种。果肉呈淡黄色，口感松软，带有甜味。拥有红色的芽为其主要特征。

黄金丸

外观呈椭圆形，个大浑圆，收成颇丰。果肉呈淡黄色，不易煮烂，适合炖煮，还适合油炸。

紫月

果皮为紫色，果肉为淡黄色的圆形马铃薯。因切口形似满月而得名。不易煮烂，适合炖煮。

男爵薯

形状圆滚、表面凹凸不平的粉质系代表品种，同时也是收成较多的早生品种，容易栽培。适合做松软可口的可乐饼。

五月女王

虽然形状大小不一，但收成颇丰。口味清淡，不易煮烂，适合做咖喱和炖肉。

小芜菁

放置场所 日照充足处

盆器大小 长盆或圆盆

标准　标准

栽培用土 根菜类蔬菜专用混合土

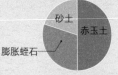

砂土　赤玉土　膨胀蛭石

石　灰：每10L用土约使用10g石灰
化成肥料：每10L用土约使用20g化成
肥料

栽培月历

1 2 3 4 5 6 7 8 9 10 11 12

▬ 播种　　▬ 采收

栽培重点

🍃 虫害较多，需铺设防寒纱以减少虫害。

🍃 偏好凉爽气候，不耐暑不耐旱，春季和秋季播种更容易生长。

🍃 根部肥硕，会冒出土面，因此必须适时间拔，使植株保持一定间距。

1 播种

小芜菁属直根性蔬菜，根部肥硕，可在盆器中直接播种。虽然也可用散播法进行播种，但更建议使用条播法，种成2排，排距为10cm，每隔1cm撒1粒种子，种成2排，排距为10cm，这样一来，种子分布均匀，易于间拔、施肥等。

① 用棍子压出2条间隔10cm、深5mm左右的浅沟槽。

10cm

② 在沟槽中每隔1cm撒1粒种子，注意种子不要重叠。

③ 用筛网撒上一层5cm左右厚的薄土，再用木块轻压土壤表面，使种子与土壤紧密贴合，然后大量浇水。

栽培提示　长期采收高品质的芜菁

气温较低时，要用塑料布覆盖盆栽进行保温，这样就能长期采收高品质的芜菁。

2 追肥、间拔

由于根部逐渐膨大，因此需进行间拔和追肥。间拔分为3次，且每次间拔后需将土壤推向茎底，防止植株倒塌，以促进植株正常生长。此外，根部开始变大时需进行追肥，具体地说，就是要在第三次间拔后及此后的1~2周进行追肥。

1 待种子几乎全部发芽后，间拔至间隔2~3cm。间拔后，将土壤推向茎底，使植株保持直立。

第一次间拔

推土

2 待长出2~3片真叶后，间拔至间隔4~5cm。间拔后，将土壤推向茎底，以防植株倒塌。

第二次间拔

推土

第三次间拔

3 待长出5~7片真叶后，间拔至间隔8~10cm。间拔后立即施10g化成肥料。

追肥

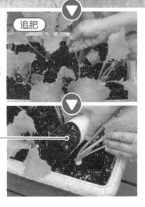

≫ POINT

在肥料上覆盖土壤，加强追肥效果。

3 采收

播种后45~50天即可采收。由于根部长大后会冒出土面，因此当土面以上的根部直径达5~6cm时就要进行采收。若太迟采收的话，小芜菁就会长得太大，容易裂开，因此，应从已长大的小芜菁开始依序连根拔起。

从已长大的小芜菁开始，紧握植株，将其连根拔起。

若没有一次性采收完，则要填补采收后形成的凹洞。

芜菁的品种

日野菜芜菁

日本滋贺县自古以来就有的品种，形状细长，地上部分由于接受阳光的照射而呈紫红色，果肉硬实，适合腌制。

肩部呈紫色的中等大小品种，很少产生裂根和变形，容易栽培。果肉密实，甜味十足，适合直接做沙拉或腌制。

爱真红3号

果皮呈鲜艳的深红色，果肉也为红色，颜色漂亮。即使直径长到13cm左右，也不会变形和出现空心。

绫目雪

米兰芜菁

意大利颇有人气的品种。地上部分呈红紫色，色彩艳丽。若太迟采收的话，根部会裂开，因此要十分注意。果肉呈白色，口感软糯。

惠星红

中等大小品种，属大野红芜菁系，不易染病，容易栽培。叶柄呈红色，果肉密实软糯，适合做沙拉或腌制。

万木芜菁

日本滋贺县、湖西地区特有的红色芜菁。待直径长到10cm左右后，叶柄就会呈绿色，根部呈鲜红色，果肉呈白色，适合腌制。

津田芜菁

日本岛根县特产。根部前端稍微弯曲，因此亦称"牛角"。地上部分呈紫红色，地下部分呈白色，果肉密实，适合腌制或炖煮。

红芜菁

果皮鲜红，果肉纯白硬实，适合腌制，腌制后芜菁都会被染成粉色。

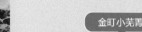

金町小芜菁

主要在日本关东地区栽培。植株强壮，容易栽培，除严寒季节外，其他季节皆可栽培。果肉密实甘甜，独具风味。

白萝卜

放置场所 日照充足处

盆器大小 长盆或圆盆

大型　大型深底　※亦可在袋中栽培（p182）

栽培用土 根菜类蔬菜专用混合土

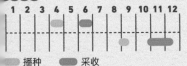
砂土　赤玉土　膨胀蛭石

石　　灰：每 10L 用土约使用 10g 石灰
化成肥料：每 10L 用土约使用 20g 化成肥料

栽培月历

1	2	3	4	5	6	7	8	9	10	11	12

■ 播种　■ 采收

栽培重点

- 根较短的迷你萝卜很适合盆栽。
- 白萝卜属直根性蔬菜，不喜移植，因此最好采用直播栽培法。
- 白萝卜偏好凉爽的气候，秋季和春季播种较易栽培。不过，也要根据播种的时间选择适合的品种。

白萝卜属直根性蔬菜，不适合移植，使用直播栽培法。采取点播法可以扩大种子的间距，减小间拔的工作量。覆盖土壤时最好先用筛网过筛，尽量使土壤的颗粒大小保持一致，以防白萝卜分叉。

1 播种

① 装入用土，并预留 2~3cm 高的浇水空间。

② 隔 20~25cm 用空瓶盖挖 2 个洞。

20~25cm

③ 在每个洞内撒 4~5 粒种子，注意种子不要重叠。

④ 覆盖 1cm 左右厚的土壤，然后用手轻轻按压，播种后大量浇水。

栽培提示 均匀播种的技巧

利用空瓶盖就可以挖出大小、深度一致的洞。发芽前要防止土壤变干。

第一次间拔

2 间拔、追肥

播种后 4~5 天发芽。间拔是促使白萝卜长大的关键作业，必须适时进行。此外，随着白萝卜的根部变大，需适时进行追肥。追肥在第二次和第三次间拔后进行，若土壤有所流失，还需添加新的土壤。

❖ POINT

若幼苗长得过于密集，则要用剪刀剪除。

1 待种子几乎全都发芽后，每处间拔至只剩下 3 株植株。间拔时要轻轻按压茎底，注意不要伤到欲保留的植株。

2 待长出 1~2 片真叶后，进行第二次间拔，间拔至每处只剩下 2 株植株。

第二次间拔

4 待长出 4~5 片真叶后，间拔至每处只剩下 1 株植株。由于白萝卜的根已经伸展开来，因此需用剪刀进行间拔。

第三次间拔

3 第二次间拔后，在每株植株的茎底施 3~4g 化成肥料，并将肥料轻轻混入土壤中，再小心推向茎底。

第一次追肥

5 第三次间拔后进行最后一次追肥。施与前一次等量的化成肥料，并将肥料轻轻混入土壤中，再小心推向茎底。

第二次追肥

3 采收

品种不同，从播种至采收的天数也会有所不同。

白萝卜的顶部露出土面后，就代表已进入采收期了。可从长得较大的白萝卜开始采收，但若太迟采收的话，白萝卜就会出现空心，因此要趁早采收。

随着根部的生长，白萝卜的顶部会慢慢露出土面。

待白萝卜露出土面的部分长至 6~7cm，就握住上端直接连根拔起。

《POINT

尽早采收。

若错过采收的最佳时机，白萝卜的根部就会出现空心，因此要尽早采收。

用袋子栽培白萝卜

将长度超过 30cm，原本用于装土壤或肥料、大米的大袋子作为容器进行栽培。使用前先用剪刀剪掉袋子底部两端的尖角，作为排水孔。作业工序基本上与盆栽一样，可种 3 根迷你白萝卜或 1 根普通白萝卜。

① 用剪刀剪掉袋子底部两端的尖角，作为排水孔（约为小拇指大小）。

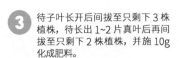

② 用空瓶盖挖 1 个 5cm 深的洞，再撒上 5 粒种子，覆盖土壤后大量浇水。

③ 待子叶长开后间拔至只剩下 3 株植株，待长出 1~2 片真叶后再间拔至只剩下 2 株植株，并施 10g 化成肥料。

④ 待长出 5~6 片真叶后间拔至只剩下 1 株植株，并施 10g 化成肥料。

⑤ 待根的直径长到 6cm 左右，就进入了采收的最佳时期。采收时，用手紧握白萝卜的上端，直接将其连根拔起。

试着种种看

红妆萝卜

长 20~25cm，粗 5.5~6.5cm。果皮通红，果肉纯白，水嫩甘甜，适合做沙拉。不易出现空心，容易栽培。

红辛萝卜

口感偏辣，外表呈鲜艳的紫红色的小型品种。长约15cm，粗7~8cm，肉质较硬，水分较少，适合剥皮后碾成泥作为调料。

江都青长

被称为"维生素萝卜"的中国品种，长为20~25cm。若外皮呈绿色，则果肉也呈绿色，味甜，适合做沙拉和萝卜泥。

炉地辛味萝卜

产于日本长野市的短萝卜，长约15cm。果皮紫红，果肉纯白，由于较早抽薹开花，因此需在秋季播种。

方领萝卜

尾张萝卜的一种。肉质紧实，适合炖煮。一般认为根部如同水牛角一样弯曲的更优质，但有些的根部不会弯曲。

大藏萝卜

主要产于日本东京都世田谷区。根部长40~50cm，呈圆柱形，从上到下的直径几乎相同。口感密实，甜味十足，不易煮烂，适合炖煮。

鼠形辛味萝卜

产于日本长野县坂城町附近。根部较短，长约15cm。果肉密实，适合做萝卜泥或腌制。

方领萝卜

黑萝卜

表皮黑如牛蒡，内里纯白。肉质紧实，适合做沙拉和调料。还有圆形品种。

圣护院萝卜

形状浑圆，为日本京都的代表性蔬菜。肉质细腻，带有甜味，适合炖煮。不易出现空心，容易栽培。

樱桃萝卜

放置场所 日照充足处

盆器大小 长盆或圆盆

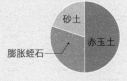
标准　标准

栽培用土 根菜类蔬菜专用混合土

砂土
膨胀蛭石——
赤玉土

石　灰：每 10L 用土约使用 10g 石灰
化成肥料：每 10L 用土约使用 20g 化成
　　　　 肥料

栽培月历

1	2	3	4	5	6	7	8	9	10	11	12

▬ 播种　　▬ 采收

栽培重点

- 播种后 30 天左右即可采收。除了酷暑和严冬之外，其余时间都可进行栽培。

- 为了采收形状较好的萝卜，需将盆栽放在光照充足之处，适时间拔，并注意防止土壤变干。

- 樱桃萝卜颜色、形状丰富，可为阳台增色不少。

1 播种

樱桃萝卜属于根部会膨大的直根性蔬菜，因此，需在盆器中直播栽培。虽然也可使用撒播法，但使用条播法（挖 2 条间隔 10cm 的沟槽，在沟槽中每隔 1cm 撒 1 粒种子），间拔起来会比较容易。

❶ 在盆器中装入用土，用细长的棍子压出 2 条深 1cm 左右的沟槽。

❷ 在沟槽中每隔 1cm 撒 1 粒种子。

间隔 1cm　　10cm

❸ 覆盖 5~10mm 厚的土壤，且需用筛网过筛。

❹ 用手轻轻按压，使种子与土壤紧密贴合，然后大量浇水。

185

2 间拔、追肥

若不适时进行间拔以保持植株的间距，根部的形状就会变得不漂亮。同时，干燥的用土也会导致根部无法长大，形状欠佳。此外，间拔后需每隔7天施1次液肥，并配合浇水。

1 待种子几乎全都发芽后，保留形状较好的植株，间拔过于密集处的植株，并施稀释500倍的液肥。

第一次间拔

追肥

2 待长出3~4片真叶后，间拔至间隔4~5cm。间拔时用一只手按压茎底，另一只手将幼苗拔出，注意不要伤到欲保留的幼苗。

第二次间拔

》POINT
用一只手按压茎底。

3 间拔完成。间拔时采摘的蔬菜可以食用。因为叶片上长有细毛，建议焯水后再食用。

4 每隔7天施与第一次间拔时等量的稀释液肥。

追肥

3 采收

不管在春季还是在秋季播种，都是约30天后采收。根部开始膨大后，萝卜就会露出土面。由于嫩小新鲜的樱桃萝卜比较美味，因此待长到直径为2~3cm时就到了采收的最佳时期。太迟采收会导致根部出现空心或裂开，因此需尽早采收。可从根部已经长大了的萝卜开始依序采收，采收时捏住根部上端，将其直接拔起。

圆形品种的茎底直径长到2~3cm左右，即可连根拔起。

若太迟采收的话，根部则会出现空心。

若太迟采收的话，根部则会裂开。

试着
种种看

樱桃萝卜的品种

札拉塔

亦称黄金樱桃萝卜，是表皮呈深黄色的稀有品种，内里纯白，甜味足，口感好，适合做沙拉和腌制。

彗星

又红又圆，容易栽培，直径为2cm左右。表皮呈红色，内里纯白。肉质密实，口味俱佳，适合做沙拉和腌制。

法式早餐

外形椭圆，长度为4~5cm、直径为2cm左右。同时带有鲜红色和白色两种颜色，是甜味十足的极早生品种。叶片软嫩鲜美。

冰锥

长10~12cm、直径为2~2.5cm的长形品种。内外皆为通透的纯白色，肉质密实。要注意适时采收。

五色樱桃萝卜

红铃

颜色通红、外形小巧可爱的圆形品种，可用于制作沙拉。不易空心，即使长得稍大一些，根部也不会裂开，容易栽培。

直径为2~3cm。使用同一袋种子可以栽培出白色、粉色、红色、浅紫色、紫色的樱桃萝卜。鲜嫩的叶片也可食用。

樱桃萝卜的形状和特征

直径为2~3cm的圆形红色品种最具有代表性，此外，还有颜色和形状各异的品种。例如，有长度为8~10cm、类似缩小版白萝卜的"白雪姬"和"雪小町"，也有颜色鲜红、形状细长的"赤长二十日萝卜"，还有下部鼓起呈纺锤形、上部为红色、顶部为白色的"红白"和"法式早餐"，以及白色、粉色、红色、浅紫色、紫色等混种的圆形"五色樱桃萝卜"等。樱桃萝卜色彩缤纷，口感清脆，不仅适合做沙拉，还可腌制食用。

胡萝卜

放置场所 日照充足处

盆器大小 长盆

标准

栽培用土 根菜类蔬菜专用混合土

砂土
膨胀蛭石
赤玉土

石　灰：每 10L 用土约使用 10g 石灰
化成肥料：每 10L 用土约使用 20g 化成
　　　　　肥料

栽培月历

| 1 | 2 | 3 | 4 | 5 | 6 | 7 | 8 | 9 | 10 | 11 | 12 |

播种　　采收

栽培重点

🍃 直接播种，直到发芽前，每天都要浇水，防止土壤变干。

🍃 不要一次性扩大间距，要适时多次间拔，促使根部慢慢长大。

🍃 为了防止茎底绿化，每次间拔时要仔细地将土壤推向茎底。若胡萝卜的肩部露出土面，则要进行增土。

188

1 播种

春季（3—4 月）播种和夏季（7—8 月）播种的栽培成功率较高，夏季播种要结束前就进行播种。由于胡萝卜的种子好光，因此播种后只需轻轻覆盖一层薄土。最好在梅雨季快要结束前就进行播种。播种大有差别。

① 装入用土，用细长的棍子压出 2 条间距为 10cm、深 1cm 的沟槽。

10cm

② 在沟槽中每隔 1cm 撒 1 粒种子，注意种子不要重叠。

《POINT
使用加工后的变大的胡萝卜种子进行均匀播种。

10cm
间隔 1cm

③ 在种子上覆盖一层薄土，稍微盖住种子即可。然后用手掌轻轻按压，使种子和土壤紧密贴合。

④ 大量浇水后盖上报纸，然后再次大量浇水，防止干燥。等种子发芽后再拿掉报纸。

报纸

2 间拔、追肥

幼苗时期的胡萝卜生长速度较慢，因此不必急于间拔，让植株自然密集生长即可。间拔分为3次，追肥分为2次。每次间拔后要记得将土壤推向茎底，以固定植株。

① 待长出1~2片真叶后，间拔至间隔2cm。间拔后将土壤推向茎底，以防植株倒塌。

第一次间拔

② 待长出3~4片真叶后，间拔至间隔3~4cm。

第二次间拔

③ 间拔后，在盆器各处均匀撒10g化成肥料，进行第一次追肥，并将肥料轻轻混入土壤中，然后推向茎底。

第一次追肥

推土

④ 待长出4~5片真叶后，间拔至间隔10~12cm。

第三次间拔

⑤ 间拔后，在盆器各处均匀撒10g化成肥料，进行第二次追肥。

第二次追肥

⑥ 将肥料轻轻混入土壤中，并推向茎底，以防植株倒塌。

推土

《POINT
将土壤推向茎底，以防植株倒塌。

3 增土

在胡萝卜的根部长粗之前，植株容易倒塌，因此必须将土壤推向茎底以固定植株。当根部长粗后，胡萝卜的肩部就会露出土面，接受日照后会绿化，影响色泽。因此在采收前，必须数次增土，确保胡萝卜的肩部始终埋在土里，防止其绿化。

增土，防止胡萝卜的肩部绿化。

≪POINT
浇水时土壤会随水流失，因此增土也是一项非常重要的作业。

4 采收

迷你胡萝卜在播种后70~90天即可采收，3~5寸(1寸≈3.33cm)的品种则需100~120天才能采收。一般从大的植株开始采收，若太迟采收，根部会长得过大而裂开，因此必须十分注意。

待胡萝卜根部上端的直径长到4~5cm，就手握茎底将植株连根拔起。

100~120天

金时胡萝卜

（京胡萝卜）

放置场所 日照充足处

盆器大小 长盆

标准

栽培用土 根菜类蔬菜专用混合土

砂土

膨胀蛭石 — 赤玉土

石　　灰：每 10L 用土约使用 10g 石灰
化成肥料：每 10L 用土约使用 20g 化成
肥料

栽培月历

1	2	3	4	5	6	7	8	9	10	11	12

■ 播种　　■ 采收

栽培重点

🔹 在种子发芽前要注意防止缺水。要事先铺
设稻草或无纺布，同时也不能忘了浇水。

🔹 为了促进胡萝卜生长，要进行间拔作业。
但若太迟间拔的话，则只有叶片会生长，
根部不会生长，因此不能错过间拔的时机。

🔹 由于金时胡萝卜很快就会抽薹开花，因此
建议在夏季播种。

190

---

1 播种

金时胡萝卜的种子不耐旱，不易发芽，因此，要进行催芽。金时胡萝卜的种子好光，覆盖一层薄土即可，还可以在上面覆盖稻草，使土壤时常保持潮湿状态。此外，种子发芽前务必要勤浇水。

❶ 在盆器底部铺一层盆底石，装入培养土，并预留2cm 左右高的浇水空间。

15~20cm

❷ 用细长的棍子压出 2 条间隔15~20cm、深5mm 左右的沟槽。

❸ 在沟槽中每隔 1cm撒 1 粒种子，然后覆盖一层薄土。

❹ 用手轻轻按压。

❺ 为了防止土壤变干，可铺设稻草，然后大量浇水。

2 间拔、追肥

间拔可以促进根部慢慢长大。由于在刚发芽时种得稍微密集一些也无妨，因此可迟一些进行间拔。但当根部开始膨大的植株长出5~6片真叶时，若继续密植，则会影响根部继续膨大。此时应间拔，确保植株保持适当的间距。间拔后不要忘记追肥，同时将土壤推向茎底。

1 发芽后，小心地拿掉稻草。

2 待长出2~3片真叶后，间拔至间距为6cm。

第一次间拔

3 在盆器各处施10g化成肥料。

第一次追肥

4 将土壤和肥料充分混合，再推向茎底。

推土

5 待根部开始膨大的植株长出5~6片真叶时，就要进行间拔。注意不要错过间拔的最佳时机。

第二次间拔

6 待长出5~6片真叶后，间拔至间距为12~15cm。

第二次追肥

7 向盆器各处施10g化成肥料。

8 将土壤和肥料充分混合，再推向茎底。

推土

3 采收

播种后120天左右即可采收。待根部的直径为4~5cm时，就可连根拔起进行采收。

从大的金时胡萝卜开始采收。采收时手握根部上端将其连根拔起。

食用甜菜

放置场所 日照充足处

盆器大小 长盆或圆盆

| 标准 | 标准 |

栽培用土 根菜类蔬菜专用混合土

砂土
赤玉土
膨胀蛭石

石　　灰：每 10L 用土约使用 10g 石灰
化成肥料：每 10L 用土约使用 20g 化成
肥料

栽培月历

| 1 | 2 | 3 | 4 | 5 | 6 | 7 | 8 | 9 | 10 | 11 | 12 |

播种　　采收

栽培重点

🍃 甜菜生长的最佳气温为 15~20℃，甜菜不耐热，偏好凉爽气候。

🍃 由于食用甜菜不喜酸性土壤，因此需在用土中混入一些石灰。

🍃 若间拔作业做得不到位，就会影响根部膨大，因此应切实进行间拔。

🍃 种子的外壳较硬，需先在水里浸泡一晚再进行播种。

食用甜菜的种子俗称种球，由 2~3 粒种子结合而成。因此，1 粒种球会长出好几根芽，使彼此保持一定的间隔。建议采用条播法进行播种。此外，由于种子的外壳较硬，因此需先在水里浸泡一晚再播种，这样会比较容易发芽。

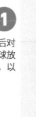

1 播种

① 将纸巾弄湿后对折，再将种球放在纸张中间，以促进发芽。

（纸巾）

② 在盆器中装入土壤，并用细长的棍子压出 2 条间隔 10cm 的沟槽。

10cm

③ 在沟槽中每隔 2~3cm 放 1 粒种球，然后盖上 1cm 左右厚的土壤，再用手掌轻轻按压土壤表面。

④ 发芽前要多浇水，防止土壤变干。

《POINT
小心浇水，防止种球被水冲走。

① 待种球几乎全都发芽后，就进行第一次间拔。由于1颗种球会长出好几根芽，因此需间拔至每处只剩下2株。

第一次间拔

② 待长出3~4片真叶后就进行第二次间拔。间拔后使植株的间距保持在6~8cm，再沿着盆器边缘施化成肥料。

第二次间拔

追肥

若间拔作业做得不到位，就会影响根部膨大，这一点需十分注意。由于1粒种球会长出好几根芽，因此需切实进行间拔。第二次间拔后再沿着盆器边缘施化成肥料。此外，若土壤因浇水而有所流失，在追肥的同时还需添加新的用土，然后大量浇水。

虽然食用甜菜的耐寒性较强，但若种植地寒风猛烈，则仍需铺设防寒纱隧道棚进行保温，以防叶片遇冷萎缩，影响生长。若土壤变干，则需选择温暖的白天进行浇水，或用施液肥取代浇水，效果更佳。浇完水或施完液肥后，要记得将防寒纱盖回去。

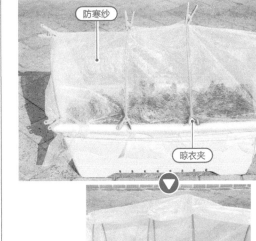

防寒纱

晾衣夹

当土面上露出的根部直径达5~6cm时，就可从大的甜菜开始依序采摘。若太迟采收的话，甜菜会变硬，因此需适时采收。

5~6cm

手握茎底，将其连根拔起。

姜

放置场所 日照充足处

盆器大小 长盆

标准

栽培用土 根菜类蔬菜专用混合土

砂土

膨胀蛭石 · 赤玉土

石　灰：每 10L 用土约使用 10g 石灰
化成肥料：每 10L 用土约使用 20g 化成
肥料

栽培月历

移植种姜　　采收

栽培重点

- 由于姜偏好潮湿环境，因此，在盛夏等干燥季节需大量浇水或铺设稻草，以防土壤变干。

- 选择没有损伤的种姜，放在温暖的室内，等其发芽后再进行移植，以促进生长。

- 姜属于热带蔬菜，因此要等气温升高到一定程度后再进行移植。

194

1 移植种姜、管理

种姜发芽需要 2 个月的时间，发芽后便可进行移植。幼苗开始生长后每月追肥一次。夏季需铺设稻草，并勤浇水。

1 将种姜放在温暖处，等发芽后再进行移植，移植后约 4~5 周就会长出幼苗。

移植

2 装入用土，移植时种姜间隔 20cm，并将发芽处朝上。

3 在种姜上覆盖 3~5cm 厚的土壤，然后大量浇水。

追肥　　推土

4 待幼苗冒出土面后，就给每株植株施 5g 化成肥料，将其轻轻混入土壤中后再推向茎底。

≫ POINT
铺设稻草，以防土壤变干。

5 盛夏时节要铺设稻草以防土壤变干。

2 采收

夏季采收时不要整株拔起，采收叶姜即可。等秋季叶子变黄后，在霜降前再采收根姜（新姜）。

1 待长出 7~8 片真叶后即可采摘叶姜。采摘时用一只手按住茎底，以防伤到欲保留的茎部。

2 根茎长到一定程度后，就用移植铲挖出一截，再用手连根拔起。

第 **5** 章

蔬果盆栽之
香草类

芫荽

放置场所 日照充足处

盆器大小 长盆或圆盆

標准　標准

栽培用土 香草类蔬菜专用混合土

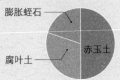

膨胀蛭石

腐叶土　赤玉土

石　灰：每 10L 用土约使用 10g 石灰
化成肥料：每 10L 用土约使用 20g 化成
　　　　　肥料

栽培月历

1	2	3	4	5	6	7	8	9	10	11	12

（采收种子）

播种　采收

栽培重点

🍃 芫荽属直根性植物，不适合移植，可以直接播种或定植在播种用的泥炭土中，以促进之后的生长。

🍃 芫荽不喜干燥，缺水后叶子就会变硬，因此夏季要勤浇水。

🍃 需先将种子在水里浸泡一晚后再进行播种，这样比较容易发芽。

---

1 播种

一粒芫荽种子其实是由 2 个半圆形的种子组成的。虽然春、秋季皆可进行播种，但若想要多采收叶子就在春季播种；若想要采收种子则在秋季播种，隔年初夏采收。

1 将种子放在水里浸泡一晚，只使用沉在底部的种子。

种子

水

2 装入用土，并预留浇水空间。

3 使用点播法进行播种。每隔 10cm 撒 2 粒种子，放置 5 处左右。

4 在种子上覆盖土壤，注意事先要用筛网过筛。再用手掌按压土壤表面，使土壤和种子紧密贴合。播种后大量浇水。

《POINT
直到发芽前都要防止土壤变干。

2 间拔、追肥

播种后10天~2周就会发芽。若想要采收叶子，则无须追肥；若想要采收种子，则从初春到6月开花前需每2个月追肥1次。

1 待长出1~2片真叶后每处仅保留2株幼苗，其余的全部拔除。

第一次间拔

2 待长出3片真叶后间拔至每处只剩1株幼苗。

第二次间拔

3 秋季播种需切实进行增土，并将土壤推向茎底，减少根部遭受霜害的可能。

增土

☆POINT

根部遭受霜害，植株易受损，因此要切实将土壤推向茎底。

4 从2月下旬到开花前，需每2个月施10g化成肥料。

3 采收

待植株长到15~20cm后，就从植株的外侧开始采收叶子。由于叶子不耐霜害，因此若在秋季播种，那么在霜降前就要进行采收。若想要采收种子，则在栽培过程中不宜采收叶子，且冬季需放置在不会遭受风霜的温暖处。初夏开花后的7—8月即可采收。若太迟采收的话，其香气会变淡，这一点需十分注意。

1 待长出10片真叶后，即可一点点地进行采收。

2 采收后需施液肥，这样一来，在晚秋之前都可进行采摘。

施肥

3 采收种子时，需等种子变成褐色后连同茎部一起切下，放在通风处阴干。

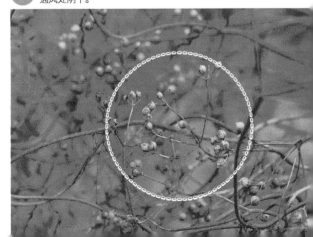

意大利香芹

放置场所 日照充足处～半日阴处

盆器大小 长盆或圆盆

[标准] [标准]

栽培用土 香草类蔬菜专用混合土

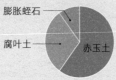

膨胀蛭石
腐叶土
赤玉土

石　灰：每 10L 用土约使用 10g 石灰
化成肥料：每 10L 用土约使用 20g 化成肥料

栽培月历

1	2	3	4	5	6	7	8	9	10	11	12

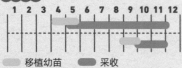

■ 移植幼苗　■ 采收

栽培重点

- 移植意大利香芹时尽量不要破坏其根团。冬季需放置在不会吹到冷风的温暖处，这样它就可以在阳台上度过寒冬了。
- 开花后叶子会变硬，因此应尽早摘除花芽。
- 由于意大利香芹不喜高温和干燥，因此夏季应放在半日阴处，并清除枯叶，保持良好的通风环境。

1 管理 移植幼苗、

由于育苗需要花费较长时间，因此购买市售的盆器中的幼苗会比较方便。若盆器中的土壤变干，就要浇水使其保持湿润的状态。

① 装入用土，并预留浇水空间。

② 每隔10cm 挖1 个稍大于根团的洞。

③ 从育苗软盆中取出幼苗，注意不要破坏根团。种植完再将周围的土壤推向茎底。

≫POINT 轻轻按压茎底。

④ 大量浇水。

⑤ 移植后2 周，施 10g 化成肥料，之后每月施 1 次等量的肥料。

2 采收

待长出 15 片真叶后即可采收。植株的叶子太少则会影响其后续的生长，因此不要一次采收太多。采收时从下方的叶子开始采收，通常每株植株至少需保留 10 片叶子。此外，摘除花蕾也可以延长采收期。

每次采收时用剪刀从外侧剪下2～3 片叶子。采收后需施液肥。

198

鼠尾草

安置场所 日照充足处

盆器大小 长盆或圆盆

标准　标准

栽培用土 香草类蔬菜专用混合土

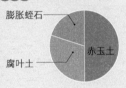

膨胀蛭石
腐叶土
赤玉土

石　　　灰：每10L用土使用10~20g石灰
化成肥料：每10L用土使用10~20g化成肥料

栽培月历

| 1 | 2 | 3 | 4 | 5 | 6 | 7 | 8 | 9 | 10 | 11 | 12 |

移植幼苗　采收

栽培重点

- 若想大量采收叶子，则可在采收的同时进行摘心，以增加枝条数。
- 鼠尾草不喜高温多湿的环境，因此，夏季应避免西晒，并放置在通风处，冬季则需放置在吹不到寒风的温暖处。
- 鼠尾草的体积较大，需视其生长情况移植到大的盆器中。

1 管理 移植幼苗、

由于育苗需要花费大量时间，因此购买市售的幼苗会比较方便。从第二年开始，需在梅雨季节前截短枝条，以增加枝条数。摘心

① 在盆器底部铺盆底网，装入用土，并预留浇水空间。

移植

② 移植时注意不要破坏根团，移植后轻轻按压茎底，然后大量浇水。

③ 移植1个月后，需每月施3~5g化成肥料，并将肥料轻轻混入土壤中。

摘心

追肥

④ 待植株长到30cm以上就要进行摘心，以促进侧芽的生长。

2 采收

待植株长到30cm左右，就可以一点一点地采收枝叶。夏、秋季需减少采收次数，保留一些叶子，这样的话，第二年还可以观赏鼠尾草的花朵。

在距离枝条前端5~6cm的地方进行采收。

甜菊

放置场所 **日照充足处**

盆器大小 **长盆或圆盆**

标准 标准

栽培用土 **香草类蔬菜专用混合土**

膨胀蛭石
腐叶土
赤玉土

石　　灰：每 10L 用土使用 10~20g
　　　　　石灰
化成肥料：每 10L 用土使用 10~20g
　　　　　化成肥料

栽培月历

1	2	3	4	5	6	7	8	9	10	11	12

移植幼苗　　采收

栽培重点

- 甜菊不喜干燥，在稍微潮湿的环境中才能存活，因此夏季要防止缺水。
- 可利用扦插进行繁殖。由于有的枝条较苦，因此要挑选甜味强的枝条作为插穗。
- 若在寒冷地区栽培，冬天需放置在温暖的室内。

1 移植幼苗

通过播种栽培出的植株有时会带有苦味，因此建议购买市售的幼苗进行栽培。挑选节间较密的幼苗，若种在标准型盆器中，则可种 2 株，间隔 30cm；若种在较小的圆盆里，则最好只种 1 株。

1 准备用品。

2 在盆底铺设盆底网，装入用土，并预留浇水空间。

3 挖 1 个稍大于根团的洞。

≫POINT
在盆器中央挖 1 个洞。

4 移植时注意不要破坏根团，移植后用手按压茎底土壤，然后大量浇水。

甜菊

2 摘心、立支架

摘心后，两侧会长出新芽。

摘心

待植株长到 15cm 左右，就进行摘心，以促进侧芽的生长。若温度适宜，侧枝就会生长得比较旺盛。需立支架支撑茎部。

摘心后开始长出侧芽时则需立支架。

立支架

打 8 字结

3 追肥

移植 2 周后就要每月施 1~2 次液肥，同时浇水，以免土壤变干。

沿着盆器边缘撒 5g 化成肥料，并将肥料轻轻混入土壤中。

4 采收、过冬

移植后 1~2 个月即可采收。采收所需的量，待植株长到 40cm 以上，就要截短一半，进行干燥保存。由于甜菊属半耐寒性植物，因此冬天需放置在温暖处，并且不要忘记浇水。

1~2个月

采摘所需的量。

栽培提示 扦插

长长的茎叶到了冬天就会枯萎，因此要将 6—8 月未冒出花苞的枝条前端剪下进行扦插。建议尝一下，选择甜味强的枝条作为插穗。

剪下 10cm 左右的新梢，除去叶，插在赤玉土中。

过冬

待土面以上部分枯萎后就要从茎底进行切除。

防寒纱

覆盖防寒纱，并移至温暖处过冬。

百里香

放置场所 日照充足处

盆器大小 长盆或圆盆

小型　　小型

栽培用土 香草类蔬菜专用混合土

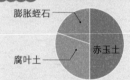

膨胀蛭石
腐叶土　　赤玉土

石　　灰：每 10L 用土使用 10~20g 石灰
化成肥料：每 10L 用土使用 10~20g 化成肥料

栽培月历

| 1 | 2 | 3 | 4 | 5 | 6 | 7 | 8 | 9 | 10 | 11 | 12 |

■ 移植幼苗　　■ 采收

栽培重点

🍃 若通风条件差，植株容易因闷热而枯萎，因此最好将盆栽放在通风处。

🍃 由于百里香不喜高温多湿的环境，因此，要在梅雨季到来之前先截短枝条，使其更好地度过夏天。

🍃 每 2~3 年做 1 次扦插，更新植株。

---

1 移植幼苗、管理

购买市售的幼苗会比较方便。由于百里香偏好干燥的环境，因此不宜过量浇水。此外，还要截短过长的枝条，预防闷热。

① 装入用土，并预留浇水空间，移植幼苗，再用手轻轻按压茎底土壤。移植后大量浇水。

② 在梅雨季到来之前将枝条截短至 1/3~2/3，预防闷热。

③ 沿着盆器边缘施 5g 化成肥料，并增添土壤。

截短枝条

---

2 采收

待植株长到 20cm 后即可采收。每次采收时需连同枝条一起采收。梅雨季到来之前剪下来的枝条需进行干燥保存。

在距离枝条前端 5cm 的地方用剪刀剪下。

5cm

栽培提示　扦插

由于植株老化后会影响新芽的生长，因此必须通过扦插进行更新。使用当年长出的枝条做扦插，根部长出前应防止土壤变干。适合扦插的时间为 5—6 月、9—10 月。

茴香

☘置场所 日照充足处

器大小 长盆或圆盆

标准	大型深底

栽培用土 香草类蔬菜专用混合土

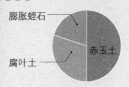

膨胀蛭石
腐叶土
赤玉土

石　　灰：每 10L 用土使用 10~20g 石灰
化成肥料：每 10L 用土使用 10~20g 化成肥料

栽培月历

1 2 3 4 5 6 7 8 9 10 11 12

（第二年）

　移植幼苗　　　采收

栽培重点

· 茴香属直根性植物，需直接播种或在幼苗时期进行移植。

· 若接受长时间的日照，茴香就会长出花芽。弗洛伦斯茴香若在短日照时期栽培，茎底会变大。

· 虽然茴香的耐寒性较强，但冬天要尽量放在吹不到寒风的地方。

1 移植幼苗、管理

茴香属直根性植物，根会向下扩展，因此，需移植在深底盆器中，并扩大植株的间距，一边增土一边培养。

① 在盆器底部铺一层大粒赤玉土，装入用土，并预留浇水空间。

移植

② 间隔 25~30cm 种植幼苗，注意不要破坏根团。然后大量浇水。

③ 移植 3 周后在盆器各处施 10g 化成肥料。在肥料上增添新的土壤，稳定植株。

追肥　　　增土

④ 待植株长到 30cm 以上，就在盆器各处施 10g 化成肥料。然后增添新的土壤促进植株底部变软变白。

增土

2 采收

当植株长出花茎时，茎底也会变大。在开花前从植株外侧采收所需的量，之后从茎底切下进行采收。

从外侧一枝一枝地采收，可延长采收时间。

虾夷葱

放置场所 日照充足处

盆器大小 长盆或圆盆

标准　标准

栽培用土 香草类蔬菜专用混合土

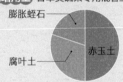

膨胀蛭石
腐叶土
赤玉土

石　　灰：每 10L 用土使用 10~20g 石灰

化成肥料：每 10L 用土使用 10~20g 化成肥料

栽培月历

1	2	3	4	5	6	7	8	9	10	11	12

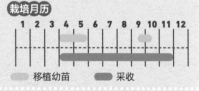

移植幼苗　　采收

栽培重点

🍃 由于虾夷葱不耐夏季高温和干燥，因此应尽可能放在阴凉处。

🍃 由于虾夷葱生长旺盛，若根部缠绕在一起，就要移植到大的盆器中。

🍃 缺水或缺肥会导致叶片变黄，因此要定期施液肥和浇水。植株长大后则要进行分株。

---

1 移植幼苗

由于虾夷葱主要靠地下茎分球繁殖，因此，并非一株一株地单独种植，而是几株一起移植。为了防止茎部因风吹雨淋而折断，需稍微深植。栽培市售的幼苗会比较方便。

① 在盆器底部铺设盆底网，装入用土，并预留浇水空间。

盆底网

② 挖 1 个稍大于根团的洞。

③ 从育苗软盆中取出幼苗，注意不要破坏根团。

④ 将几株植株一起栽种，深度为 2~3cm。种植后大量浇水。

2 追肥

1 待植株长到 10cm 左右，施 3~5g 化成肥料。

2 将肥料轻轻混入土壤中，并推向茎底。

随着气温升高，叶子会长得越来越密，必须定期追肥以防缺肥。若施化成肥料，则每月施1次；若施液肥，则每周一次，用来代替浇水。初春发芽前，在盆器中添加少量混入化成肥料的用土，以促进植株生长。

3 采收

以上即可采收。在从春季到秋季的生长过程中，只要从茎底切除再进行追肥，植株就能一直生长，从而实现不断采收。

待植株长到20cm

20cm 以上

1 在距离土面 3~4cm 的地方剪下进行采摘。

2 采摘后需施液肥以促进植株再生。

施肥

栽培提示 分株繁殖

栽种后 1~2 年，植株就会长得过于茂密，导致养分不足，叶子变得越来越细。因此，尽量每年都将植株挖起进行分株移植。分株的最佳时间为 4—5 月和 9 月中旬—10 月中旬。

在距离土面 1cm 的地方剪下。　　进行分株，将 3~4 根虾夷葱分成 1 株。　　进行移植，间隔 15~20cm。

罗勒

放置场所 日照充足处

盆器大小 长盆或圆盆

[标准] [标准]

栽培用土 香草类蔬菜专用混合土

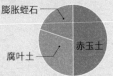

膨胀蛭石
腐叶土
赤玉土

石　灰：每 10L 用土使用 10~20g 石灰
化成肥料：每 10L 用土使用 10~20g 化成肥料

栽培月历

| 1 | 2 | 3 | 4 | 5 | 6 | 7 | 8 | 9 | 10 | 11 | 12 |

▬ 移植幼苗　　▬ 采收

栽培重点

🍃 反复摘心，使植株保持简洁的外形。

🍃 土壤干燥会导致品质下降。为了不让土壤过于干燥应多浇水，或不断用液肥代替浇水，效果更佳。

🍃 开花会消耗植株的养分，因此要尽早摘蕾。

1 移植幼苗

虽然也可以直播栽培，但购买市售的幼苗进行栽培可以加快采收的速度。建议选购已长出 4~5 片深绿色真叶的幼苗。若种在标准型盆器中，则可栽种 3 株。

1 在盆器底部铺设盆底网，装入用土，并预留浇水空间。

2 在盆器中央挖 1 个稍大于根团的洞。

3 从育苗软盆中取出幼苗，注意不要破坏根团。

4 将幼苗放在洞内，盖上周围的土壤。

5 大量浇水。

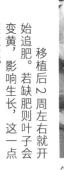

2 摘心、摘蕾

1 对主茎进行摘心，以促进侧芽生长。

摘心

2 开花后叶子会变硬，因此一长出花蕾就要进行摘除。

摘蕾

3 花穗连同叶子一起切除。

待植株长到 15cm 左右就对主茎进行摘心，以促进侧芽生长。随着气温上升，罗勒会生长得更加旺盛，到了 6 月中下旬就会长出花蕾，应尽早将其摘除。摘心后还会继续长出侧芽，从而实现持续采收。

截短枝条

3 追肥

移植后 2 周左右就开始追肥。若缺肥则叶子会变黄，影响生长，这一点要注意。

生长期内每 5~10 天施 1 次液肥，代替浇水。

4 采收、管理

连同茎部剪下 5~6cm 的枝条。

截短枝条

在生长期，无论何时都可采收。7~8cm 后就进入真正的采收期了。7月中旬待侧芽长到行采收的同时截短枝条，可促进植株生长，继而持续采收。

从枝条 1/2 的地方截短。

施肥

截短后施液肥。

207

薄荷

放置场所 日照充足处

盆器大小 长盆或圆盆

标准　标准

栽培用土 香草类蔬菜专用混合土

膨胀蛭石

腐叶土

赤玉土

石　　灰：每 10L 用土使用 10~20g 石灰

化成肥料：每 10L 用土使用 10~20g 化成肥料

栽培月历

| 1 | 2 | 3 | 4 | 5 | 6 | 7 | 8 | 9 | 10 | 11 | 12 |

移植幼苗　采收

栽培重点

🍃 由于薄荷生长较旺盛，根部容易缠绕在一起，因此每年应进行分株或移植，使植株保持简洁的状态。

🍃 虽然薄荷不喜强烈的日照，但若日照不足，植株的生长能力则会变弱，因此每天应将薄荷放置在日照充足处晒 1~2 小时太阳。

🍃 薄荷耐寒，夏季要防止环境过于干燥和潮湿。

---

1 移植幼苗、管理

比起直播栽培来说，购买有香气的幼苗进行栽培更方便。夏日盆栽应放置在半日阴处，并注意防止缺水。开始采收后，每月在盆器各处施 5g 化成肥料。

移植

❶ 根据盆器的高度，装入土壤至六分满，再从育苗软盆中取出幼苗进行移植，移植后在幼苗上面填入土壤。

追肥

❷ 移植后大量浇水。

❸ 开始采收后，每月施 2 次液肥。

---

2 采收

在春季至秋季进行采收。第二年开花前，在采收的同时截短枝条，并将其挂在阴凉处进行干燥保存。

❶ 侧芽切除后还会继续长出，可持续采收。

❷ 在梅雨季到来之前，采收的同时要截短枝条，预防闷热。

截短枝条

柠檬草

放置场所 日照充足处

盆器大小 圆盆

大型深底

栽培用土 香草类蔬菜专用混合土

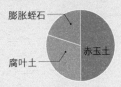

膨胀蛭石

腐叶土

赤玉土

石　灰：每10L用土使用10~20g石灰
化成肥料：每10L用土使用10~20g化成肥料

栽培月历

| 1 | 2 | 3 | 4 | 5 | 6 | 7 | 8 | 9 | 10 | 11 | 12 |

■ 移植幼苗　■ 采收

栽培重点

柠檬草偏好高温多湿的环境，不耐寒，因此，晚秋时节应剪下土面上的部分，并将其移至温暖的室内。

柠檬草不耐旱，尤其在盛夏，必须勤浇水。

若植株长得太大，中心容易干枯，最好每1~2年在春季进行分株移植。

1 移植幼苗、管理

柠檬草原产于印度南部、斯里兰卡，应待气温完全升高后再进行移植。生长期内，每月施1~2次液肥，并在春季至秋季的生长期内，气温完全升高后再进行移植。在春季至秋季的生长期内，每月施1~2次液肥，并在霜降前从距离茎底10~15cm的地方剪下，然后将其移至室内。

移植

① 在盆器底部铺一层盆底石，装入用土，并预留浇水空间。再从育苗软盆中取出幼苗，去除褐色或泛黑的根。

③ 在生长期内施10g化成肥料，并将其混入土壤中。

移植

② 移植后用周围的土壤进行覆盖，并轻轻按压茎底土壤，然后大量浇水。

④ 霜降前剪下土面上的部分，并将其移至室内。

2 采收

待植株长到30cm左右即可采收。想要进行干燥保存，就在晚秋时节趁叶子还是绿色时，在距离茎底10cm左右的地方剪下，挂在通风处进行阴干。

在距离茎底10cm左右的地方剪下所需的量，并对剩余的植株施加化成肥料。

干燥保存

想要进行干燥保存，就在晚秋时节趁叶子还是绿色时，剪下所需叶子，挂在室内进行阴干。

施肥

迷迭香

放置场所 日照充足处

盆器大小 长盆或圆盆

标准　标准

栽培用土 香草类蔬菜专用混合土

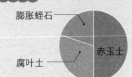

膨胀蛭石

赤玉土

腐叶土

石　灰：每 10L 用土使用 10~20g 石灰
化成肥料：每 10L 用土使用 10~20g 化成
肥料

栽培月历

1 2 3 4 5 6 7 8 9 10 11 12

□ 移植幼苗　■ 采收

栽培重点

🍃 迷迭香生长旺盛，根部容易缠绕在一起，因此每年需移植到更大的盆器里。

🍃 将盆栽放置在日照和通风条件好的地方，保持干燥。

🍃 若在寒冷地区，冬季需放置在室内明亮的窗边；若在其他地区，则需放置在吹不到寒风的地方。

1 管理 移植幼苗、

由于从播种到采收需要 3 年时间，因此建议购买市售的幼苗进行栽培。由于迷迭香不喜潮湿，因此在梅雨季节需特别注意管理。

1 在盆器底部铺上盆底网，装入用土，并预留浇水空间。再挖 1 个稍大于根团的洞。

移植

2 从育苗软盆中取出幼苗，注意不要破坏根团。移植后用周围的土壤进行覆盖，并轻轻按压茎底土壤。

3 大量浇水。

4 每年 4—5 月、9—10 月，施 5g 化成肥料。

施肥

2 采收

迷迭香属常绿植物，一年四季几乎皆可采收叶子。移植后第一年到来之前采收时需截短长得过于密集的枝条，促进通风，预防闷热。截短时剪下的枝条可进行干燥保存。

尽量不要频繁采收。梅雨季到来之前采收时需截短长得过于密集的枝条，促进通风，预防闷热。

除严寒时节外，皆可剪下枝条前端进行采收。

第 **6** 章

轻松栽培
菜苗和豆芽

萝卜芽

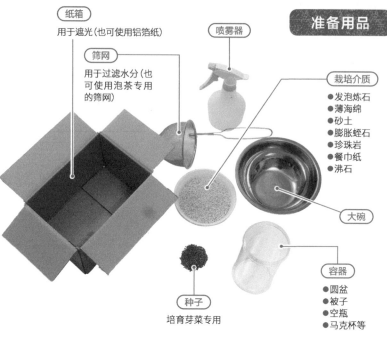

纸箱
用于遮光 (也可使用铝箔纸)

筛网
用于过滤水分 (也可使用泡茶专用的筛网)

喷雾器

栽培介质
- 发泡炼石
- 薄海绵
- 砂土
- 膨胀蛭石
- 珍珠岩
- 餐巾纸
- 沸石

大碗

种子
培育芽菜专用

容器
- 圆盆
- 被子
- 空瓶
- 马克杯等

放置场所 先放在阴暗处种植，待长出子叶后再移至明亮处

盆器大小 适合栽种在具有一定深度的大口径容器里
- 牛奶盒
- 草莓盒
- 餐具
- 专门的栽培容器等

栽培用土
- 膨胀蛭石
- 珍珠岩
- 砂土
- 薄海绵
- 发泡炼石
- 沸石等

栽培月历

| 1 | 2 | 3 | 4 | 5 | 6 | 7 | 8 | 9 | 10 | 11 | 12 |

播种　采收

栽培重点

- 一般栽培用的种子都经过了杀菌处理，因此建议购买培育芽菜专用的种子。
- 若使用专门的水培容器，就无须准备栽培用土，非常方便。
- 每天用喷雾器洒水 1~2 次，防止干燥。

---

1 种子吸水

种子含水才会发芽。为了让种子顺利发芽，应先让种子在水里浸泡一整晚，使其充分吸收水分。冬季将种子浸泡在温水中可加快其发芽速度。

① 将种子放在水里清洗 2~3 次，除去灰尘和粘在种子表面的杂质。

》POINT
随水倒掉无法沉底的种子。

② 将种子浸泡在水中，然后放置在温暖的地方。

2 播种

既可在盆器中放入沸石、餐巾纸或海绵取代培养土后再进行播种，也可用发泡炼石、沸石、砂土或膨胀蛭石取代培养土后再进行播种。

1 在容器底部薄薄地铺上一层洗干净了的沸石。用喷雾器洒水，使其充分湿润。

2 待种子干燥后，将其均匀铺在沸石上，然后用喷雾器洒水。

3 遮光

种子不接触光线，才能长出又软又长的萝卜芽。用铝箔纸覆盖容器，或将容器放在纸箱里遮挡光线，以促进种子发芽、生长。

放入纸箱，盖上盖子进行遮光。

4 洒水

萝卜芽需栽培在15℃左右的温暖室内。每日拿出来透气1~2次，并用喷雾器洒水，5~7天就可长5cm左右并长出子叶。

1 每日用喷雾器洒水1~2次，防止种子干燥。洒完水再将其放回纸箱。

2 待芽苗长出4~5cm后，将其从纸箱中拿出。

将芽苗移至明亮处，促进其绿化。

☆POINT
采收前每天都要用喷雾器洒水。

5 采收

播种后7~10天即可采收。待芽苗长至10~12cm且子叶展开时，就进入了采收的最佳时期。

用剪刀剪下所需的量。

7~
10天

黄豆芽

放置场所 温度适宜的阴暗处

盆器大小
- 广口瓶
- 杯子等深底广口容器（要先用热水消毒）

栽培用土 无须用土，只需用水将种子弄湿就能栽培。冬天用温水清洗种子，可加快其生长速度

栽培月历

| 1 | 2 | 3 | 4 | 5 | 6 | 7 | 8 | 9 | 10 | 11 | 12 |

▭ 播种　▬ 采收

栽培重点

🍃 一般栽培用的种子都会经过杀菌处理，因此建议购买培育豆芽专用的种子或可食用的干黄豆。

🍃 豆芽的量是种子的 10 倍以上，因此必须使用大口径的容器，才能让豆芽顺利长出。

🍃 每天认真用水清洗黄豆 1~2 次，然后除去水分，保持清洁。

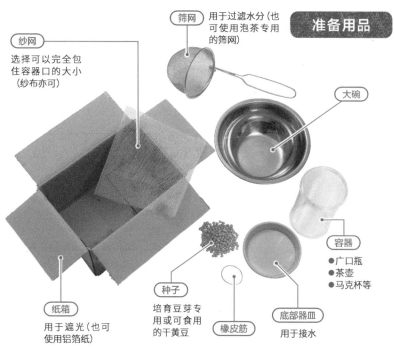

纱网 选择可以完全包住容器口的大小（纱布亦可）

筛网 用于过滤水分（也可使用泡茶专用的筛网）

大碗

容器
- 广口瓶
- 茶壶
- 马克杯等

纸箱 用于遮光（也可使用铝箔纸）

种子 培育豆芽专用或可食用的干黄豆

橡皮筋

底部器皿 用于接水

1 清洗种子

① 将种子泡在装有水的大碗中，除去无法沉底的种子和杂质。

用水清洗 2~3 次，洗掉浮在水面、粘在种子表面的杂质。那些浮在水面、用手轻压也不会沉底的种子无法发芽，应直接去除。

② 用筛网滤水。

2 种子吸水

将除去水分的种子放入容器中，再倒入5倍左右的清水。

❷ 用纱网或纱布盖住容器口后，再用橡皮筋固定，静置一晚。

种子要含水才能发芽，因此要先浸泡在水中，充分吸水。吸水时间应为5~12个小时，越小粒的种子浸泡的时间越短。尤其是黄豆，若浸泡的时间过长，反而会影响种子发芽，这一点需十分注意。

3 换水、清洗

每天早晚各1次，用水清洗种子，再除去水分。

清洗是为了湿润种子，同时使根部能够接触新鲜空气，还能洗掉杂质。清洗时只要轻轻晃动容器，再将水倒掉即可。若发芽后用力晃动，会导致豆芽断裂而腐坏。

4 遮光

清洗完种子后，将其放入纸箱并盖上盖子，遮挡光线。

种子不接触光线，才能长得又长又嫩。用铝箔纸覆盖容器，或将整个容器放入纸箱，遮挡光线，促使种子发芽、生长。

5 采收

遮光后5~10天即可采收。豆芽的白色部分（胚轴）长到5~7cm时为采收的最佳时期。若根部开始长出分根，就表示已经错过食用的最佳时机了。

从容器中取出豆芽后，将其清洗干净，并除去水分。

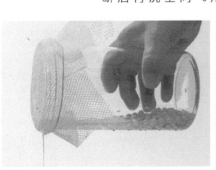

❶ 种子吸了一整晚的水后，无须拆除纱网，直接将水倒掉即可。

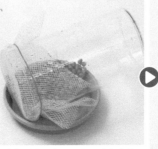

♪ POINT

残留的水分会导致豆芽腐烂，因此必须将水分滤干。

❷ 将容器口斜向下放置在器皿上，除去水分。再通过纱网慢慢倒入干净的清水，晃动容器清洗种子。

各种 豆芽和菜苗

使用品质好的种子，将其放置在温度适宜的阴暗处，并保持适当的湿度和通风条件，这样一整年都可收获营养丰富的豆芽和菜苗。

虽然直接播种也能栽培，但育苗时进行温度管理较难，且育苗时间较长，因此，购买市售的幼苗比较方便。若购买不带花房的幼苗，最好先在大一号的育苗软盆中种植，等开花后再进行移植。

〔 推荐的豆芽 〕

〔 推荐的菜苗 〕

菜苗的颜色和形状丰富多样，刚发芽的菜苗营养丰富，与豆芽不同，需要先接受光照，使子叶绿化。其在栽培过程中，不仅赏心悦目，还可以让我们享受美味，栽培起来也比较轻松，因此广受喜爱。市面上售有各式各样的菜苗种子，一定要购买培育菜苗专用的种子。

〔 推荐的装饰品 （日式芽菜） 〕

摆放在生鱼片旁的紫苏芽、青紫苏芽、珊瑚芽、柳蓼芽，还有刚长出的细芽葱等，在日本料理中都被称为芽菜，自古以来就被用来装饰餐桌上的菜肴。

冬季就在室内栽培豆芽和菜苗吧

栽培豆芽和菜苗时，只要将种子放入容器，用喷雾器洒水，再定时清洗、滤干，种子就会发芽。市售的豆芽和菜苗通常水分较多，而自己亲自栽培的豆芽和菜苗由于采收时间短，不仅味道浓厚，口感也不太一样。

豆芽和菜苗从播种到采收只需短短 7~10 天，盆栽还能作为室内装饰，赏心悦目。挑战一下栽培豆芽和菜苗吧！

使用专门的水培容器

水培容器中的网状隔板可用来代替栽培用土，只要加水就可以轻松种出菜苗。此外，市面上售有各种容器，有的带有种子或播种用的海绵，使用起来非常方便。

水培容器

红豆芽
风味佳。白色的部分不会长得太长，长到3~4cm 就可以采收食用了。

扁豆芽
扁豆易发芽，好栽培。扁豆芽煸炒或汆烫后，豆子的甜味会更明显。

花生芽
白色的部分较粗，口感清脆，煸炒后还会散发出花生特有的香气。

绿豆芽
市面上最常见的品种，口感清脆。

紫卷心苗
也叫红卷心菜。之所以呈紫色，是因为含有一种叫作花青苷的色素，味道温和。

荞麦苗
细长的荞麦苗略带红色，色泽艳丽，口感清脆。

西蓝花苗
西蓝花种子易发芽，好栽培，西蓝花苗含有许多萝卜硫素。

九条芽葱
日本常见的芽葱。直接用剪刀剪下就可以用来煮汤。

苜蓿芽
苜蓿是牧草的一种，其嫩芽具有独特的风味和清脆的口感，也可以作为菜苗进行栽培。

柳蓼芽
柳蓼的幼苗，口感微辣。

紫苏芽
紫苏的嫩芽，亦称"紫芽"，常搭配白肉鱼的生鱼片。

珊瑚芽
具有唇形科植物特有的香气。除了搭配生鱼片外，还可用于煮汤。

INDEX
索 引

蔬菜
各部分名称

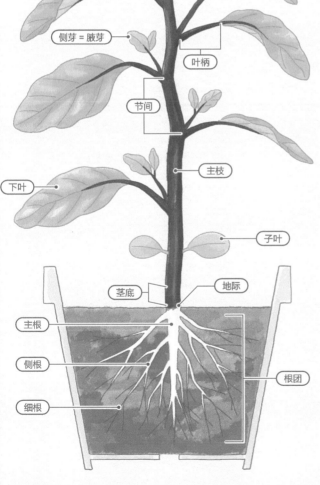

顶芽

侧枝

侧芽 = 腋芽

叶柄

节间

主枝

下叶

子叶

茎底 地际

主根

侧根

细根

根团

藤蔓类蔬菜

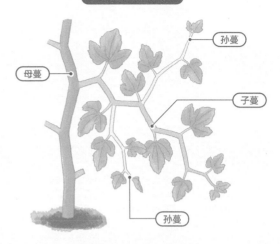

母蔓

孙蔓

子蔓

孙蔓

子叶和真叶

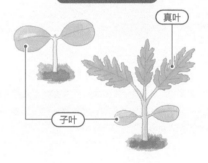

真叶

子叶

毛豆等

真叶

初生叶

子叶

图书在版编目（CIP）数据

盆栽小菜园：常见蔬菜水果盆栽种植指南 / （日）
金田初代著；（日）金田洋一郎摄；刘丹译. -- 北京：
人民邮电出版社，2022.11
ISBN 978-7-115-59971-1

Ⅰ. ①盆… Ⅱ. ①金… ②金… ③刘… Ⅲ. ①盆栽—
蔬菜园艺—指南②盆栽—果树园艺—指南 Ⅳ.
①S63-62

中国版本图书馆CIP数据核字(2022)第163639号

版权声明

摄影协助：日光种苗株式会社 SAKATA SEED CORPORATION
插画：西谷久 竹口睦郁
设计：山岸莳 北川阳子 宫川柚希 郑在仁（STUDIO DUNK）
编辑协助：株式会社帆风社

内 容 提 要

本书是一本讲解利用栽培箱种植果蔬的教程。全书共 6 章。第 1 章讲解了使用栽培箱种菜的准备工作；第 2 章到第 6 章分别讲解了瓜果类、叶菜类、根菜类、香草类、芽菜类五种不同类型果蔬的种植方法，通过大量清晰照片和插图，以可视化的方式对适用器皿、土壤配比、种植时期、种植要点和种植方法等内容进行了说明，以详细的文字解说，介绍了使用栽培箱种菜的全过程。本书最后还配有蔬菜的专业名称表和索引。

本书适合园艺爱好者阅读，可以让读者轻松打造自家菜园，每天都能吃到干净、卫生、新鲜的果蔬，享受收获的乐趣！

◆ 著　　　［日］金田初代
　 摄　影　［日］金田洋一郎
　 译　　　刘 丹
　 审　　　蔓 玫
　 责任编辑　王 铁
　 责任印制　周昇亮

◆ 人民邮电出版社出版发行　　北京市丰台区成寿寺路 11 号
　 邮编 100164　电子邮件 315@ptpress.com.cn
　 网址 https://www.ptpress.com.cn
　 涿州市京南印刷厂印刷

◆ 开本：787×1092　1/16
　 印张：13.75　　　　　　　2022 年 11 月第 1 版
　 字数：352 千字　　　　　2022 年 11 月河北第 1 次印刷
　 著作权合同登记号　图字：01-2021-3962 号

定价：99.00 元
读者服务热线：(010)81055296　印装质量热线：(010)81055316
反盗版热线：(010)81055315
广告经营许可证：京东市监广登字 20170147 号